ICT认证系列丛书

# 云计算技术

安俊秀 / 主编
黄萍 万里浪 肖铮 柳源 田茂云 / 副主编

人民邮电出版社
北京

图书在版编目（CIP）数据

云计算技术 / 安俊秀主编. -- 北京 : 人民邮电出版社, 2023.12
（ICT认证系列丛书）
ISBN 978-7-115-61891-7

Ⅰ. ①云… Ⅱ. ①安… Ⅲ. ①云计算 Ⅳ. ①TP393.027

中国国家版本馆CIP数据核字(2023)第099094号

## 内 容 提 要

本书以云计算为中心，对云计算及其相关技术、产品进行了详细的讲解。全书共 9 章，从云计算的概念及发展历程开始讲述，介绍了云计算的起源、发展历程、概念、云计算的分类及产品应用、分布式系统、硬件资源等相关知识，详细讲解了云计算中的虚拟化技术，包括计算虚拟化、网络和存储虚拟化、容器和桌面虚拟化等知识。最后还详细介绍了当前常用的云计算管理平台项目 OpenStack，并通过讲解云计算应用开发案例，介绍了云平台在具体应用中的相关知识。本书从理论、实践两部分对云计算进行了细致的讲解，旨在帮助读者更好地了解、运用云计算。

本书可以作为高等院校计算机专业的云计算课程教材，同时也可作为从事云计算相关行业的工作人员的参考用书。

◆ 主　　编　安俊秀
　副 主 编　黄　萍　万里浪　肖　铮　柳　源　田茂云
　责任编辑　王梓灵
　责任印制　马振武

◆ 人民邮电出版社出版发行　北京市丰台区成寿寺路 11 号
　邮编 100164　电子邮件 315@ptpress.com.cn
　网址 https://www.ptpress.com.cn
　北京七彩京通数码快印有限公司印刷

◆ 开本：775×1092　1/16
　印张：13.5　　　　　　　2023 年 12 月第 1 版
　字数：280 千字　　　　　2025 年 1 月北京第 4 次印刷

定价：69.80 元

读者服务热线：(010)53913866　印装质量热线：(010)81055316
反盗版热线：(010)81055315
广告经营许可证：京东市监广登字 20170147 号

# 前 言

近年来，云计算在各行各业得到了广泛的应用，为全社会带来巨大经济效益的同时，其自身也在不断改进、演化，并催生了新的产品与技术。除了云计算自身具备重要价值外，云计算还与当前计算机行业的其他热门技术产生了密切的联系，如大数据与人工智能，为社会发展、企业运行、人民生活提供了丰富多样的应用与服务。

为了更好地介绍云计算的相关技术及运用，我们组织编写了这本教材。本书首先从云计算本身出发，对云计算进行了详细的介绍。随后又介绍了云计算的技术组成及相关技术的衍生产品，如分布式系统、计算虚拟化、容器和桌面虚拟化、云硬盘等，使得读者能够从理论与实践运用两方面对云计算进行深入的理解。

全书共9章，第1章为云计算的概念及发展历程，介绍了云计算的起源、发展历程、概念、架构、特征与优势及未来。第2章为云计算的分类及产品应用，分别从技术、部署模式、用户角色多个角度对云计算进行分类，介绍了云计算中的公有云、私有云、混合云的相关概念，以及云计算的产品应用。第3章为分布式系统，介绍了分布式系统的相关概念、技术组成、优缺点及分布式系统的具体应用。第4章为硬件资源，介绍了硬件资源中的服务器、存储、网络的相关概念。第5章为计算虚拟化，介绍了计算虚拟化的概念、实现方式及相关技术的典型产品。第6章为网络虚拟化和存储虚拟化，介绍了网络虚拟化的分类、实现方式，存储虚拟化的存储设备、实现方式及云存储的相关知识。第7章为容器虚拟化和桌面虚拟化，介绍了当前常用的容器Docker、Kubernetes，以及微服务的相关知识，并介绍了桌面虚拟化的概念、发展及技术实现。第8章为OpenStack，介绍了OpenStack的发展历程、概念、特点、组件及应用实例。第9章为云计算应用开发案例，介绍了云平台中的开发中间件的应用、分布式开发思路及环境、使用Java开发云平台分布式应用程序的流程，以及如何将程序提交至云平台运行。

本书内容深入浅出，在涵盖大量理论知识的同时也设立了相关的实践运用章节，可以帮助读者进行理论知识、实践运用两方面的学习，从而使得读者能够在构建完备知识体系的同时也具备一定的解决实际问题的能力。本书可以作为高等院校计算机专业的云计算课程教材，也可以作为计算机相关专业的专业课或选修课教材，同时也可以作为从事云计算相关行业的工作人员的参考用书。

本书由成都信息工程大学的安俊秀教授主编，并由成都信息工程大学的黄萍教授，研究生万里浪、肖铮、柳源、田茂云等共同编写。其中第1章、第2章、第3章由万里浪、安俊秀编写，第4章、第5章由肖铮、黄萍编写，第6章由肖铮、田茂云编写，第7章由田茂云、黄萍编写，第8章、第9章由柳源、安俊秀编写。

尽管在本书的编写过程中，我们力求严谨、仔细，但由于技术的发展日新月异，加之我们水平有限，书中难免存在错误和不足之处，敬请广大读者批评指正。

编 者

# 目 录

**第1章 云计算的概念及发展历程** ·············································· 2

    1.1 云计算的起源 ····················································· 4

        1.1.1 互联网促进了云计算的产生 ······························· 5

        1.1.2 大数据促进了云计算的发展 ······························· 6

    1.2 云计算的发展历程 ················································· 7

        1.2.1 云计算的发展 ············································ 7

        1.2.2 云计算的历程 ············································ 8

    1.3 云计算概念 ······················································· 9

        1.3.1 从技术角度认识云计算 ··································· 9

        1.3.2 从商业角度认识云计算 ·································· 11

        1.3.3 云计算的主要表现形式 ·································· 12

    1.4 云计算的架构 ···················································· 13

        1.4.1 云计算的逻辑架构 ······································ 13

        1.4.2 云计算的物理架构 ······································ 15

    1.5 云计算的特征与优势 ·············································· 16

        1.5.1 云计算的特征 ·········································· 16

        1.5.2 云计算的优势 ·········································· 17

    1.6 云计算的未来 ···················································· 18

        1.6.1 技术发展趋势 ·········································· 18

        1.6.2 业务发展趋势 ·········································· 20

        1.6.3 物联网与云计算 ········································ 21

        1.6.4 云计算与边缘计算 ······································ 22

    习题 ······························································ 23

**第2章 云计算的分类及产品应用** ·············································· 24

    2.1 云计算按技术分类 ················································ 26

2.1.1 虚拟化技术 ································································· 26
   2.1.2 分布式存储技术 ························································· 28
   2.1.3 数据管理技术 ···························································· 29
 2.2 云计算按部署模式分类 ······················································ 31
   2.2.1 公有云 ······································································ 32
   2.2.2 私有云 ······································································ 32
   2.2.3 混合云 ······································································ 33
 2.3 云计算按用户角色分类 ······················································ 35
   2.3.1 IaaS ········································································· 35
   2.3.2 PaaS ········································································ 36
   2.3.3 SaaS ········································································ 38
   2.3.4 FaaS ········································································ 39
 2.4 云计算的产品应用 ····························································· 40
   2.4.1 电信企业的云计算产品 ················································ 41
   2.4.2 传统数据库行业的云计算产品 ······································· 42
   2.4.3 互联网企业的云计算产品 ············································· 44
 习题 ············································································································ 45

# 第3章 分布式系统 ······························································································ 46
 3.1 分布式系统概述 ································································ 48
   3.1.1 分布式系统简介 ························································· 49
   3.1.2 分布式系统的工作方式 ················································ 50
   3.1.3 分布式系统的优缺点 ··················································· 50
 3.2 分布式计算 ······································································· 52
   3.2.1 分布式计算简介 ························································· 52
   3.2.2 分布式计算与并行计算的关系 ······································· 52
   3.2.3 分布式计算中的典型技术 ············································· 54
 3.3 分布式存储 ······································································· 57
   3.3.1 分布式存储简介 ························································· 57
   3.3.2 分布式存储的优势 ······················································ 58
   3.3.3 分布式存储中的关键技术 ············································· 59
 3.4 分布式系统应用 ································································ 61

### 3.4.1 Hadoop ... 61
### 3.4.2 Spark ... 63
### 3.4.3 Flink ... 65
习题 ... 67

## 第 4 章 硬件资源 ... 68
### 4.1 服务器概述 ... 70
#### 4.1.1 服务器的分类 ... 70
#### 4.1.2 服务器的硬件 ... 74
### 4.2 存储概述 ... 75
#### 4.2.1 内置存储 ... 76
#### 4.2.2 外置存储 ... 78
### 4.3 网络概述 ... 79
#### 4.3.1 网络模型概述 ... 80
#### 4.3.2 交换机概述 ... 82
#### 4.3.3 VLAN 概述 ... 85
#### 4.3.4 路由器概述 ... 87
### 4.4 负载均衡概述 ... 90
习题 ... 92

## 第 5 章 计算虚拟化 ... 94
### 5.1 计算虚拟化概述 ... 96
### 5.2 计算虚拟化的实现方式 ... 100
#### 5.2.1 CPU 虚拟化 ... 100
#### 5.2.2 内存虚拟化 ... 104
#### 5.2.3 I/O 虚拟化 ... 108
### 5.3 计算虚拟化的典型产品 ... 110
#### 5.3.1 Xen ... 110
#### 5.3.2 KVM ... 110
#### 5.3.3 VMware ... 111
#### 5.3.4 Hyper-V ... 112
习题 ... 112

## 第6章 网络虚拟化和存储虚拟化 ……………………………………………… 114

### 6.1 网络虚拟化的分类 …………………………………………………… 116
### 6.2 网络虚拟化的实现方式 ……………………………………………… 117
#### 6.2.1 虚拟网卡 …………………………………………………… 117
#### 6.2.2 虚拟交换技术 ……………………………………………… 119
#### 6.2.3 硬件设备虚拟化 …………………………………………… 121
#### 6.2.4 虚拟化网络 ………………………………………………… 122
### 6.3 存储虚拟化 …………………………………………………………… 125
#### 6.3.1 存储设备 …………………………………………………… 126
#### 6.3.2 存储虚拟化功能 …………………………………………… 126
### 6.4 存储虚拟化的实现方式 ……………………………………………… 129
#### 6.4.1 基于不同实现位置的存储虚拟化 ………………………… 129
#### 6.4.2 基于数据组织的存储虚拟化 ……………………………… 130
#### 6.4.3 基于不同实现方式的存储虚拟化 ………………………… 132
#### 6.4.4 SDS …………………………………………………………… 132
### 6.5 云存储 ………………………………………………………………… 133
### 习题 ……………………………………………………………………… 134

## 第7章 容器虚拟化和桌面虚拟化 …………………………………………… 136

### 7.1 Docker 概述 ………………………………………………………… 138
#### 7.1.1 什么是 Docker ……………………………………………… 138
#### 7.1.2 Docker 的组成部分 ………………………………………… 139
#### 7.1.3 Docker 容器与传统虚拟机 ………………………………… 140
#### 7.1.4 Docker 的安装 ……………………………………………… 142
#### 7.1.5 Docker 命令 ………………………………………………… 142
### 7.2 Kubernetes 概述 …………………………………………………… 145
#### 7.2.1 什么是 Kubernetes ………………………………………… 145
#### 7.2.2 Kubernetes 和 Docker ……………………………………… 147
### 7.3 微服务 ………………………………………………………………… 147
#### 7.3.1 什么是微服务 ……………………………………………… 147
#### 7.3.2 微服务和 Docker …………………………………………… 151

7.4 桌面虚拟化的概念与发展 ·················· 151
7.5 桌面虚拟化的技术实现 ·················· 154
 7.5.1 VDI ·················· 154
 7.5.2 IDV ·················· 155
 7.5.3 TCI ·················· 156
 7.5.4 RDS ·················· 157
习题 ·················· 157

## 第 8 章 OpenStack ·················· 158

8.1 OpenStack 的发展历程 ·················· 160
8.2 OpenStack 的简介及特点 ·················· 162
8.3 OpenStack 的组件 ·················· 164
 8.3.1 Horizon ·················· 166
 8.3.2 Keystone ·················· 166
 8.3.3 Nova ·················· 167
 8.3.4 Cinder ·················· 168
 8.3.5 Neutron ·················· 169
 8.3.6 Glance ·················· 171
 8.3.7 Swift ·················· 172
8.4 OpenStack 应用实例 ·················· 173
习题 ·················· 175

## 第 9 章 云计算应用开发案例 ·················· 176

9.1 云计算应用的开发思路 ·················· 178
9.2 需求说明 ·················· 179
9.3 数据文件解读与预处理 ·················· 180
9.4 云计算应用的开发准备 ·················· 183
 9.4.1 申请云计算资源 ·················· 183
 9.4.2 配置作业提交客户端 ·················· 184
 9.4.3 在 IDEA 中安装插件 ·················· 186
 9.4.4 项目结构搭建 ·················· 186
9.5 代码详解 ·················· 191

9.5.1 计算最高温度代码 ····················································· 191
9.5.2 计算平均温度代码 ····················································· 197
9.6 作业提交及运行结果展示 ··················································· 202
9.6.1 创建数据表并上传数据 ··············································· 203
9.6.2 提交并运行作业 ························································ 204
习题 ······················································································· 206

# 第1章
# 云计算的概念及发展历程

1.1 云计算的起源

1.2 云计算的发展历程

1.3 云计算概念

1.4 云计算的架构

1.5 云计算的特征与优势

1.6 云计算的未来

习题

云计算是一种基于互联网的计算方式,是传统计算机技术和网络技术发展融合的产物,也是引领未来信息技术(IT)产业创新的关键战略性技术和手段。广义的云计算可以被看作 IT 基础服务的交付和使用模式,它是指通过网络以按需、易扩展的方式获得所需要的计算资源。最早提出云计算相关技术的时间可以追溯到 1959 年,现如今,云计算已经有 60 多年的发展时间。云计算的起源主要与互联网、大数据的发展相关,在后续的发展过程中逐渐产生逻辑和物理上的架构、自身的特征和优势。目前,云计算已成为计算机领域的研究热点,并与其他计算机技术产生了越来越密切的联系。

本章将首先对云计算的起源进行简要介绍,使读者了解何为云计算及它的发展历程,然后再分别从技术、商业、架构等角度对云计算进行分析,使读者能够多方位、多维度地对云计算及其衍生产品、技术进行全面的认识,最后本章还将对云计算的特征与优势、未来的发展趋势,以及云计算与其他高新技术之间的关系进行介绍。

## 1.1 云计算的起源

云计算作为当前 IT 研究的核心,它的起源与互联网、大数据的发展息息相关。互联网作为当今 IT 世界中的核心,它的出现使计算机之间能够相互连接、相互通信,而在此过程中产生的数据因所蕴含的信息量巨大,成为计算机相关技术发展与研究的基础。可以认为,正是互联网的出现及发展促进了云计算的产生,而大数据的发展也从另一方面带动了云计算的发展。

### 1.1.1 互联网促进了云计算的产生

使计算机之间能够相互连接的互联网是云计算的核心技术之一，而互联网并不是一诞生就具备了相关的功能，使其能够为云计算领域提供服务，互联网自身也是在发展到一定阶段后才逐渐走向成熟。

互联网也称因特网。正如其名，互联网是指由网络与网络堆叠而成的巨型网络，在这张巨型网络上，多台计算机之间可以相互交换资源并进行一些合作。此外，这张巨型网络也有其自身的结构。在网络与网络之间，通过一些协议相连，并且在这张巨型网络上还存在着交换机、路由器等网络设备，以及不同链路、各类服务器、终端等。

互联网最初诞生于 1969 年的美国，在约瑟夫·利克莱德的推动下，美国国防部高级研究计划署（ARPA）研究出了互联网的前身计算机网络阿帕网（ARPANET）。ARPANET 最初被用于军事研究目的，为组建一个分散的指挥系统，这个指挥系统由多个分散的指挥点组成，而这些分散的指挥点又能够通过 ARPANET 连接起来，以进行相互联系。随后，美国西南部的加利福尼亚大学洛杉矶分校、斯坦福大学研究院、加利福尼亚大学及犹他大学的 4 台主要计算机便通过 ARPANET 连接了起来，相关的连接协议由马萨诸塞州的剑桥市的 BBN 科技公司参与制定。此外 BBN 科技公司还研制了接口信息处理器用以充当 ARPANET 的网关。

1975 年，在 ARPANET 中已经连接了 100 多台主机，ARPANET 也被移交至美国国防部的国防通信局开始正式运行。经过了一段时间的使用之后，研究人员发现了在早期 ARPANET 所采用的连接协议中存在一些不足之处，并由此开始着手研发新的网络连接协议——传输控制协议/互联网协议（TCP/IP）。TCP/IP 也被称为网络通信协议，该协议主要针对网络互联问题，通过对互联网中各部分之间的通信标准进行规定，从而保证了网络数据信息的及时传输与完整传输。TCP/IP 的产生为后续互联网的进一步完善奠定了基础。

在后续的几年时间里，相关的互联网检索技术随之产生，并不断得到完善与改进。1989 年，互联网发展史上的又一里程碑事件发生了。万维网（WWW）于欧洲粒子物理学实验室，即欧洲核子研究组织（CERN）诞生。简单来说，万维网是数量巨大的超文本文档的集合，这些集合同时也是一种超文本信息，可用于描述文本、图像、视频等信息，并且可以通过超链接实现超文本文档之间的跳转。万维网的数据通信所基于的超文本传输协议（HTTP），是基于 TCP/IP 发展而来的，它主要是万维网浏览器与万维网服务器之间的应用层通信协议，不仅能够保证浏览器与服务器之间的超文本文档的传输准确性，还能够确定超文本文档传输的具体部分及优先显示的部分。

2004 年，在 O'Reilly 公司和 MediaLive 国际公司之间的一次会议中，Web 2.0 被提上了日程，并在随后的几年时间里不断被应用。Web 2.0 的一个重要特征是移动互联网。

不同于以往的互联网——用户只能被动接受网络中的信息以满足自身的需要。移动互联网旨在提升用户在互联网中的交互感，在移动互联网中，用户不再只是信息的接收者，同时也可以是相关信息、内容的创造者。移动互联网的产生使互联网中的信息资源变得更加丰富多样，提升了互联网用户的使用体验感，并进一步促进了 Web 2.0 的发展。

截至 2020 年 6 月，全球互联网的用户数量达到了 46.48 亿，占世界总人口的 59.6%。而在中国，截至 2021 年 12 月，网民规模达 10.32 亿，互联网的普及率达 73.0%，目前互联网已经进入了大部分人的生活。互联网的诞生与发展使得大部分的计算机能够进行互联，从而进行相互之间的信息资源共享及协助操作等，并使得后续云计算的产生成为可能。

## 1.1.2 大数据促进了云计算的发展

互联网的产生使得数据信息的规模达到了人们难以想象的量级，尤其是在移动互联网出现之后，用户自身也开始成为数据信息的创造者，数据信息的规模又得到了进一步的扩大。在维克托·迈尔-舍恩伯格及肯尼斯·库克耶编写的《大数据时代》一书中，提出了一个全新的概念——大数据。大数据是指需要通过专业的软件或设备进行存储的规模巨大的数据信息，这些海量的数据信息在经过适当的分析、处理等操作后，能够为相关的企业、政府单位提供决策帮助。因此，大数据越来越受到各行各业的重视。

大数据在组成上主要被分为两部分，分别是结构化数据和非结构化数据。对于结构化数据，它也被称为行数据。结构化数据通过二维表格的形式进行逻辑上的表达和实现，并且在数据格式和长度上有着严格的规定。在结构化数据产生之后，相关的数据存储工具——数据库也随之诞生。结构化数据通常存储于关系数据库之中，相关的管理操作也在关系数据库中进行。

非结构化数据主要指数据结构不完整或不规则的数据，这些数据由于形式上的特殊性，难以通过二维表格的形式对它们进行表达。常见的非结构化数据有图片、音频、视频、文本文档等。非结构化数据通常可以来源于现实生活中的任何地方，如网页浏览器中用户的评论信息、多媒体信息等。非结构化数据的随处可见的特性一方面造成了该类型数据的体量巨大，另一方面也使得常规的数据存储与处理方式不再适用于非结构化数据。对于非结构化数据的处理与存储，目前的常用方法是，将非结构化数据存储在非关系数据库中，并引入了对应的查询、相似性检索、相似性连接等操作，用于实现对非结构化数据的管理。从大数据的构成来看，非结构化数据占大数据的 80%，并且这些数据每年增长 60%，可见，非结构化数据正逐渐成为大数据的主要部分。

关系数据库与非关系数据库的存在解决了数据在逻辑存储上的问题，而物理上的存储则主要靠分布式存储。顾名思义，分布式存储就是指将数据分别存放至不同的服务器上，通过使用多台服务器来缓解存储压力。对于当前海量的数据，使用分布式存储不仅能够帮助企业获取更多的数据，也能带动分布式存储技术自身的发展。分布式存储技术作为云计算的核心技术之一，也使得云计算的产生及后续发展成为可能。因此可以认为，大数据促进了云计算的发展。

## 1.2 云计算的发展历程

云计算作为分布式系统的分支，其主要原理是通过网络"云"将一个大型的任务分解成多个模块，分派给多台计算机进行处理，最后再将这些计算机的处理结果汇总并返回给用户。云计算的产生解决了单一计算机算力不足的问题，使个体用户能够借助网络资源解决复杂的应用问题。但云计算的发展不是一蹴而就的，云计算从提出到日渐成熟，已经历经了五六十年的发展时间，在这段时间中，各种技术的提出与发展也带动着云计算的相应发展。

### 1.2.1 云计算的发展

云计算的起源可以追溯至 1959 年，克里斯托弗·斯特雷奇在其论文中提出了虚拟化的概念。虚拟化指通过软件在计算机硬件上创建抽象层，从而使单个计算机硬件（如处理器、寄存器、控制器等）被划分为多个逻辑层面上的计算机。这一概念正是云计算的发展基础与核心。虚拟化的概念被提出以后，相关的技术研究也随之展开。1967 年，IBM 研究中心研发出具有标志性意义的分时虚拟机操作系统 CP-40/CMS。1969 年，ARPANET 诞生。1970 年，贝尔实验室研发出 UNIX 操作系统。自此，云计算的三大底层技术——管理物理计算机资源的操作系统、有关资源分配的虚拟化技术、供计算机之间进行相互连接的互联网都已经诞生，为云计算的诞生提供了技术基础。

在之后的一二十年中，云计算的相关基础技术层出不穷，但由于当时个人计算机（PC）的兴起，相关的研究均集中在计算机软件与网络等方面。这种状况一直持续到了 1996 年，康柏公司在有关未来计算机的发展方向的讨论中，预测商业计算会向云计算转移，这也是云计算一词被首次提出。而正是由于康柏公司的影响力，云计算才逐渐开始出现在大众的视野之中。1997 年，Ramnath K. Chellappa 首次对云计算进行了学术性的定义，他提出云计算的计算边界由经济而非完全由技术决定的计算模式。

除了康柏公司对云计算的关注所起到的推动作用外，用户的相关需求也不可忽视。在当时对于大多数企业而言，硬件的自行采购及机房的租用是常用的 IT 基础设施构建方式，相关的设备安装、调试不仅需要专业人员的参与，并且也需要一定的等待时间。因此在个人计算机性能普遍低下的情况下，如何让更多的用户快捷地使用互联网服务便成了当时的一大热点问题，一些大型公司便由此开始关注如何为用户提供强大的计算处理服务。

2002年，随着互联网经济泡沫的破灭，计算机网络的发展也进入了一个新的阶段。一切技术的发展都应该围绕着"客户端"这一观念逐渐被各大公司所抛弃，如何为用户提供强大的计算处理服务又再一次被提上日程。另一方面，互联网经济泡沫的破灭也使得以谷歌、亚马逊为代表的互联网公司迅速崛起。首先于同年，亚马逊推出了AWS平台，该平台的启用使得许多企业可以免费使用亚马逊网页中的功能，并将它们整合到自己的网站下。2003年，时任秘书长的安迪·贾西在一次亚马逊公司的管理层会议上提出，挑选一些通用的功能模块组建一个基础设施公共服务平台，以便其他开发者可以基于这个平台开发他们自己的应用。随后，他们便选出服务器、存储器及数据库作为组建平台的通用功能模块。2006年，亚马逊又分别提出了简单存储服务和弹性云计算，并以此奠定了亚马逊云计算技术的基础。与此同时，谷歌也于这段时间提出了谷歌文件系统（GFS）、MapReduce、BigTable及Chubby 4项关键技术，奠定了自家云计算服务的技术基础。

而在随后的几年时间里，云计算技术仍在不断发展，IBM、微软等互联网巨头已纷纷投身于云计算及相关技术的研究与开发之中，我国也于2009年由阿里巴巴在江苏省南京市创建了第一个"电子商务云计算中心"，同年11月，中国移动云计算平台"大云"计划宣布启动。截至目前，云计算的发展已经较为成熟，并由此衍生出了虚拟化、云原生、云安全等多项技术。

### 1.2.2 云计算的历程

前文已经对云计算的发展进行了较为详细的介绍，可以看出云计算的发展历程主要与一些核心技术的提出密切相关，如于20世纪60年代提出的虚拟化概念、IBM公司于1967年研发出的虚拟机系统CP-40/CMS、美国国防部高级研究计划署于1969年研究出的ARPANET、贝尔实验室于1970年研发出的UNIX操作系统等。云计算的历程见表1-1。

表1-1　　　　　　　　　　　　云计算的历程

| 时间 | 相关的技术或者概念 |
| --- | --- |
| 20世纪60年代 | 提出虚拟化概念 |
| 1967年 | IBM公司研发出虚拟机系统CP-40/CMS |
| 1969年 | 美国国防部高级研究计划署研究出ARPNET |
| 1970年 | 贝尔实验室研发出UNIX系统 |
| 1997年 | Ramnath K. Chellappa首次对云计算进行了学术性的定义 |
| 2002年 | 亚马逊推出了AWS平台 |
| 2006年 | 亚马逊提出了简单存储服务和弹性云计算 |
| 2006年至今 | 云计算的发展逐渐趋于成熟，并由此衍生出了虚拟化、云原生、云安全等多项技术 |

## 1.3 云计算概念

从概念上来看，云计算其实是一种分布式计算，它可以通过互联网将一个大型任务分解成许多小模块并分配给多台计算机进行处理，由多台服务器组成的系统对各台计算机的处理结果进行整合、分析等操作之后，得出最后结果，并返回给用户。云计算的普及使使用低性能计算机的用户也能够享受到高性能计算提供的相关服务，从而摆脱机器性能限制所带来的研究瓶颈。云计算发展至今，它的价值主要体现在以下两方面：一方面，云计算的相关技术能够得到推广并被应用于其他领域，进而促进其他技术的发展；另一方面，云计算已经被广泛应用于各大领域，由此衍生的各类商业模式及云计算带来的商业价值不容忽视。基于此，本节将从技术角度、商业角度和主要表现形式对云计算进行介绍。

### 1.3.1 从技术角度认识云计算

对于陌生的事物往往可以从它的技术组成出发，通过认识该事物所涉及的一些技术以便对它进行深入了解。对于云计算，可以将它看作由虚拟化技术、分布式存储技术、分布式并行编程模式、大规模数据管理、分布式资源管理等技术组合而成，下面将分别对这些技术进行介绍。

1. 虚拟化技术

虚拟化技术是云计算的核心，它主要是指某些计算机部件在虚拟的而非真实的场景中运行。虚拟化技术一方面扩大了硬件的容量，简化了软件的配置过程；另一方面显著提高了计算机的运算效率，打破了硬件性能限制带来的桎梏。虚拟化技术的应用使单 CPU 能够模拟多 CPU 的运行，并且还能在一台计算机上运行多个操作系统，应用程序可以在通过虚拟化技术所划分的空间中独立运行而不受其他因素影响。

在云计算中，虚拟化技术的应用场景主要被分为两种。一种是虚拟化技术可以将一个高性能服务器划分为多个部分，每个部分服务一位用户。另一种是虚拟化技术能够将多个低性能的服务器整合在一起，形成一个高性能的服务器群，以完成某个特定的任务。

2. 分布式存储技术

分布式存储技术指的是将数据分散存储在多台独立的服务器中，不同于以往将数据集中存储于某一台服务器上。分布式存储至少能为数据的存储带来以下 3 点好处。

（1）安全性

数据的分布式存储避免了当某一台服务器发生故障时，出现存储数据全部丢失的情况。在分布式存储中，即使有一部分机器发生故障，也只会丢失一部分数据。

（2）可扩展性

由于在大数据时代，每时每刻都有巨大数量的数据产生，数据所需要的存储空间大小往往难以估量，因此如果只采用传统的集中式存储方式存储数据，会造成存储空间的冗余或存储空间不足。而采用分布式存储技术可以随时拓展存储空间，避免浪费存储空间或存储空间不足。

（3）高效性

分布式存储技术可以根据数据的某些信息将它们存放至不同的服务器中，当需要提取、查询这些数据时，也可以直接根据它们的信息定位其所在的服务器，从而提高存取效率。在当前的云计算领域中，GFS 及 Hadoop 分布式文件系统（HDFS）是较为流行的分布式存储系统。

3. 分布式并行编程模式

云计算的核心理念就是让用户享受强大的服务器资源。编程作为当前用户最常用的方法之一，它在与云计算结合后也产生了新的模式——分布式并行编程模式。

分布式并行编程模式的核心思想是将一个程序分解为若干个相互独立的子程序模块（子模块），这些子模块可以分布在多台计算机上同时执行。MapReduce 是当前云计算的分布式并行编程模式应用的一大典型案例，MapReduce 会自动将任务分解为多个子任务，并通过 Map（映射）和 Reduce（归纳）两个步骤实现子任务在大规模计算节点中的调度与分配。

4. 大规模数据管理

对于当前网络世界产生的海量数据，仅采用分布式存储技术对数据进行存储还不能满足所有用户的需求，如何对这些数据进行管理也是一大难点。

云计算常需要对数据进行全局调度或处理等操作，因此逐渐衍生出相关的大规模数据管理技术。大规模数据管理技术的产生一方面使云计算能够对数据进行高效的处理；另一方面，该技术的应用也保证了云计算能够对数据进行访问，以及进行特定的检索与分析操作。

谷歌公司开发的 BigTable 是大规模数据管理技术的一大典型应用案例。由于谷歌搜索引擎的存在，相较于其他公司，谷歌公司对海量数据的处理问题更为关注。BigTable 在设计之初就将目标指向了 PB 级的数据，并能够被部署在上千台机器上。BigTable 具有高可靠性、高性能、可伸缩等特性，此外它还借鉴了并行数据库和内存数据库的一些特性。与云计算着重于服务用户相同，BigTable 虽然不支持完整的关系数据模型，但它为用户提供了简单的数据模型，以便用户能够对数据的分布与格式进行动态控制。Hadoop 团队开发的 HBase 是大规模数据管理技术的另一大典型应用案例，但因 HBase 是对 BigTable 的开源实现，故此处不再对 HBase 进行过多介绍，读者可以自行查阅相关资料。

5. 分布式资源管理

在云计算中，大部分应用场景都是由几百台甚至上万台机器组成的分布式环境。另外，这些机器还可能分布于不同的地理位置，因此如何管理调度这些机器资源也是云计算必须考虑的一大问题。

对于当前分布式环境，分布式资源管理技术能够保证在多节点的并发执行环境中，各个节点的状态同步，并且在某一节点出现故障时，其他节点不受影响，可以继续工作。此外，分布式资源管理技术还能够解决配置文件的同步更新问题，并为资源的统一管理、分配调度提供便利。

同样，谷歌公司作为云计算领域的行业巨头，它在分布式资源管理方面也有所成就。谷歌公司所使用的 Borg 系统为分布式资源管理的典型应用。Borg 系统主要应用于谷歌公司内部，通常被视作一个集群管理器，它所管理的集群由数万台计算机组成，并且它还运行着成百上千的作业，这些作业又分别来自不同的应用程序，由此可见 Borg 系统蕴含着大量资源。Borg 系统通过组合控制进出、高效地任务打包、机器共享进程级的性能隔离来实现对资源的高效利用。它通过缩短程序从故障中恢复的时间、制定策略以降低关联错误发生的可能性等行为支持具有高可用性的应用程序。此外，Borg 系统还通过为用户提供描述任务规范的语言、名称服务整合、实时任务监控、相关的工具来分析和模拟系统行为，为用户提供便利、简化的操作。

### 1.3.2 从商业角度认识云计算

云计算的蓬勃发展主要得益于谷歌和亚马逊这两大公司，而商业公司的首要目标便是盈利。此外，在云计算服务中，用户可以根据实际需求获得相关的计算服务，这在某种程度上也是将计算能力作为商品在互联网上流通，本质上，云计算服务也是一种商品。由此便衍生出一系列与云计算相关的商业模式。

1. 基础通信资源云服务商业模式

基础通信资源云服务商业模式主要为通信运营商所用，这些通信运营商（如电信）依托互联网数据中心（IDC）所提供的云平台，并在此基础上，或是与 IDC 进行商务合作，又或是自行独立建设平台即服务（PaaS）云服务平台，从而为用户开发、测试软件提供环境。具体而言，用户可以通过单次付费或以包月的形式向运营商购买对应的云计算服务，相关的服务包括云存储、云主机、数据处理等。在国内，基础通信资源云服务商业模式的典型应用有华为云、阿里云等。

2. 存储资源云服务商业模式

鉴于当前个人计算机的使用寿命逐渐更长，存储于个人计算机上的信息日益增加。另外，当前正处于信息爆炸的时代，小型公司每天所能够接收到的数据量也逐渐超出了一般服务器所能承载的数据量，因此便有相关公司提出了存储资源的相关云服务，用以解决个人用户或小型公司存储空间容量有限的问题。云存储主要是通过软件或者技术对大量不同类型的存储设备进行组合,形成容量更大的存储空间,用于存储用户所需要的数据,数据的上传与下载均可通过互联网进行。除了基础的存储服务外,相关的存储资源云服务还包括文件恢复、文件备份及云共享文件等。用户通常可以免费使用基础的云存储服务和一定的云存储空间,而对于进一步扩展存储空间及使用其他的存储服务,则往往需要用户缴纳一定的费用。存储资源云服务商业模式的典型应用有 Dropbox、金山云等。

3. 互联网资源云服务商业模式

对于某些大型互联网公司,它们或是掌握了大量的服务器资源,或是开发出功能强大的平台。为了合作或盈利,部分公司选择将闲置的服务器租赁给其他公司,或者将它们的平台对外开放,并对其中的部分服务进行收费。互联网资源云服务一方面能够节约硬件资源和软件资源、降低成本,另一方面也能促进小型公司的发展及公司间的合作。互联网资源云服务商业模式通常只能由大型互联网公司提供,其典型应用有亚马逊网络服务(AWS)平台及 Google Apps。

4. 软件资源云服务商业模式

软件资源云服务商业模式主要借助于软件即服务(SaaS)平台实现。在该平台上,相关的软件资源提供者将软件统一部署在自己的服务器上,用户可以根据自己的需要通过互联网向运营商购买相关的软件服务,并享受相关的软件使用、维护、更新服务。因为运营商会向多个用户提供软件服务,所以对于每个用户而言,他们的数据均存储于运营商所提供的共享存储器上,并且用户只能查看与自己相关的数据。软件资源云服务商业模式极大地改变了传统软件服务的提供方式,使用户免去了在本地部署软件的复杂步骤,简化了软件的使用步骤,进一步突出了信息化时代软件的服务属性。软件资源云服务商业模式的典型应用有金蝶 K/3 Cloud、用友云等。

### 1.3.3 云计算的主要表现形式

云计算涉及的领域非常广,相关的衍生技术、产品十分丰富,因此云计算在表现形式上也是多种多样的。云计算建立在先进互联网技术的基础之上,其表现形式通常被分为以下几种。

(1)软件服务

软件服务通常指由用户向相关的运营商提出服务请求,运营商通过浏览器等方式向用户提供相关的资源及程序。软件服务一方面使个人、企业不需要考虑软件所需的硬件配置,也不需要学习相关的专业技术,就可以获取当前最新的技术应用;另一方面使中小型企业不需要为软件配备相关的维护人员,减少了在人力、财力方面的负担。

(2)网络服务

网络服务通常是指开发者能够在应用程序接口(API)的基础上不断进行改进与优

化，进而开发出新的应用产品。此外，用户所提交的服务请求也会通过互联网的远程服务器端被 API 所处理。

（3）平台服务

平台服务可以为用户提供一个完整的用于开发、运行和管理应用程序的云平台，而不需要考虑在本地构建和维护平台所带来的成本、复杂性和不灵活性。

（4）管理服务

管理服务主要指一些具体的服务事项，如系统监控、安全管理、运行环境管理等。相关的服务供应商主要针对企业提供管理服务，在帮助企业解决日益增加的信息系统问题的同时承担相应的责任。服务供应商在提供相关服务的同时，并不会干预企业的核心业务。

## 1.4 云计算的架构

云计算的基础架构是使用云计算相关服务所需要的硬件资源和软件资源的集合，它包括了计算能力、网络连接和存储，以及一个可供用户访问虚拟化资源的界面。根据不同云计算架构对系统所起的不同作用，云计算的基础架构可以被分为云计算的逻辑架构和云计算的物理架构。

### 1.4.1 云计算的逻辑架构

逻辑架构通常是对整个系统进行思想上的分类，把系统分为若干个逻辑单元，每个逻辑单元分别实现特定的功能，Java 中的表示层、业务逻辑层和数据访问层就是一种典型的逻辑架构。逻辑架构通常会成为系统构建的参照物，因此逻辑架构会对系统的开发起到至关重要的作用。云计算的逻辑架构通常可以分为 3 个层次，即基础设施即服务（IaaS）、PaaS 和 SaaS，2 个平台分别为云管理平台及运维管理平台。下面分别对这 3 个层次和 2 个平台进行介绍。

（1）IaaS

IaaS 是指把 IT 基础设施（通常指用于支持政府、企业及特殊需求个体的 IT 环境所需要的一系列 IT 硬件资源及基础软件资源的合集）作为一种服务通过网络对外提供，并根据用户的资源使用量进行计费的一种服务模式。在该服务模式中，用户自身并不在个人计算机上下载或安装相关的服务程序，而是通过租用的方式直接使用基础设施服务。IaaS 主要包括计算机服务器、通信设备和存储设备等，这些设备在虚拟化技术的帮助下，能够转化为相关的虚拟资源以供后续使用。

（2）PaaS

PaaS 主要将软件研发的平台作为一种服务提供给用户，该平台包含了完整的软件开发和部署环境，并且抽离了相关的硬件和操作系统细节，以帮助开发人员集中精力于相关开发的业务逻辑，而不需要关注底层实现。除了作为软件的开发工具外，PaaS 所提供的工具还可以对数据进行分析与挖掘，帮助企业搜集有用的业务见解并预测结果，以改进产品设计、资金投资等业务的决策。

（3）SaaS

SaaS 是随着互联网的发展而逐渐兴起的一种创新型的软件应用模式。传统的软件应用模式通常需要用户将软件部署到本地进行使用。在该过程中，用户不仅需要学习一些有关安装与部署的知识，还需要根据自身所用计算机的实际情况对安装中的一些配置文件进行修改。SaaS 的出现打破了这一现状，它减少了在本地部署软件的相关花费，进一步突出了软件的服务本质。

（4）云管理平台

云管理平台由加特纳咨询公司最先提出，是对数据进行统一调度的管理平台。要想更好地了解云管理平台，首先需要对公有云、私有云及混合云的概念有一个大致的了解。

① 公有云：通常是指第三方供应商为用户提供的能够使用的一些共享资源服务。公有云通常包括一些虚拟环境中的服务器、存储设备、网络及数据，并且被公有云的提供者所管理。

② 私有云：在公有云中，任何人都可以使用第三方供应商所提供的服务，用户隐私与数据的安全性难以得到保障。私有云更注重保护用户的隐私及保障数据的安全性，因此私有云的设立主要是为了单一用户。私有云所能提供的服务资源往往不及公有云，但通常将它部署于私有云提供者的防火墙内部，并且相关资源服务为某个用户专有。私有云的管理需要通过软件工具将计算资源虚拟化，为用户提供自服务网络站点，并处理好相关的资源分配、计费问题。

③ 混合云：通常是对私有云和公有云的混合。对于部分用户而言，一方面他们既想享受公有云的丰富资源服务，另一方面他们又想保证自身数据、隐私的安全性，因此混合云便结合了公有云和私有云的优点，满足了用户对于数据信息控制、服务可拓展性的要求。在混合云中，资源的计算、存储等操作通常在不同的地方进行，因此对于混合云的管理会更为复杂。

在对公有云、私有云和混合云有了大致的了解后，便可以更好地理解云管理平台的功能和作用。云管理平台是一种用于管理和监控云基础设施和服务的集成工具或软件，能够帮助企业或组织有效地管理公有云、私有云及混合云上的资源，至少包含自服务界面、系统镜像创建、计费和监控，以及基于已有政策提供一定程度的工作负载最优化功能。云管理平台还能够通过与企业管理系统的结合提供更多功能，如对网络、存储资源的配置，提供资源服务目录等。

（5）运维管理平台

运维管理平台主要实现对虚拟设备、系统及网络技术的维护和管理工作，并且也能对这些虚拟设备、系统和网络技术进行配置和事件管理。运维管理平台通常通过带外与多方资源进行互联，并对它们进行管理。运维管理贯穿了对应的云产品的整个生命周期，并在智能化平台的帮助下，以最低的成本和最快的速度完成面向用户的任务交付并保证服务质量。

云计算的逻辑架构如图 1-1 所示。

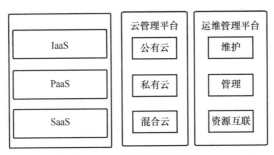

图 1-1　云计算的逻辑架构

## 1.4.2　云计算的物理架构

物理架构通常更加关注系统、网络、服务等 IT 基础设施。在一个通用的物理架构中，相关的设计人员往往会通过服务器部署和配置网络环境，以实现应用程序的高可用性。云计算的物理架构通常包括以下几个部分。

（1）云存储设备

云存储设备是专用于处理云资源存储相关问题的设备。使用云计算产生了一系列的数据，云存储通过互联网在线存储的方式，将这些数据存放在多台虚拟服务器上。常见的云存储设备可以是已经预安装了一部分的专业供应商服务器，也可以是安装在普通商品硬件上的虚拟设备。云存储设备通常需要具备一定的重复数据删除、压缩能力，以节省存储空间，并且还需要具备故障修复、虚拟化及加密功能，以保证数据的安全性、完整性。更高级的云存储设备还能支持数据的跨平台复制和共享功能。

（2）虚拟服务器

通过将一台运行在互联网上的主机划分为多台虚拟服务器，实现单台主机的多网域服务，以供多个用户使用。对于划分出来的多台虚拟服务器，它们都能够像真实的主机一样工作，并具有单独的 IP 地址、独立的域名及完整的互联网服务器。虚拟服务器的产生极大地节省了服务器的硬件成本，并且由于在多台服务器之间可以共享相同的配置，因此也能够进一步降低在管理和配置上的人力成本。

（3）逻辑网络边界

将一台实体服务器划分为多台虚拟服务器后，在逻辑上必须对这些虚拟服务器加以区分，尤其是在涉及私有云的应用中，用户更加注重空间、功能的专有性。逻辑网络边界的出现很好地解决了这一问题，它将一个网络环境从整体的通信网络中划分出来，并且每个独立的网络环境均会包含一些独立的资源，通常还会在网络边界上应用防火墙技术、多重安全网关技术、网闸技术等以保证网络边界的安全。逻辑网络边界通常由提供和控制数据的网络设备建立。在对网络环境进行虚拟化之后，逻辑网络边界也会随之被建立。

（4）云监控

云监控是一种轻量级的自制软件机制，其类比于某些软件中的日志文件。云监控常用于对云资源的使用和处理情况进行监管。根据服务内容的不同，云监控主要被分为以下两种形式。

① 站点监控：主要用于对站点的性能进行监控，可用率和响应时间是两个重要的指标。此外，不同类型的站点对应着不同的网络访问传输协议，站点的监控方式也略有不同。

② 服务器性能监控：云监控通过标准的简单网络管理协议（SNMP）远程监控服务器性能，并且相关的操作已经得到了简化，用户只需要在服务器上配置 SMNP 监控代理即可。

## 1.5  云计算的特征与优势

云计算的兴起为企业和个人提供了许多便利，其强大的功能与优势使云计算被快速推广，并带动相关实体产业进行发展。目前已有近 20%的实体经济与云计算联系了起来。在未来，云计算还将进一步发展。云计算功能强大的原因可能仍令不少读者感到困惑，下面将对云计算的特征与优势进行介绍，揭晓云计算功能强大的"秘密"所在。

### 1.5.1  云计算的特征

云计算是与信息技术、互联网、软件相关的一种服务，是多项计算机技术混合演进并跃升的结果。因此在云计算中往往也能发现这些计算机技术的一些特性。目前，云计算主要具有以下几大特征。

（1）超大规模

为了能够拥有极强的计算能力，通常云计算中相关的机器规模也十分庞大，如谷歌的云计算中心拥有几百万台服务器，而其他互联网巨头也纷纷建立了自己的"云"中心，如亚马逊的 AWS、微软的 Azure，以及国内的腾讯云、阿里云、华为云等。

（2）可扩展性

可扩展性作为当前应用的重要特征之一，它是一个应用具有添加功能、修改完善现有功能的表现，并且是该应用的生命力、成长力的重要体现。云计算能够通过增加服务器的数量以实现对自身计算性能的扩展，从而满足用户与日俱增的需求，实现用户数量规模化增长。此外，云计算还可以通过整合企业的系统以达到对自身功能的补充。

（3）虚拟性

用户对云计算相关产品、资源的使用均通过互联网进行，用户除了自备的计算机外，不需要再配备额外的机器。并且在云计算中，实体服务器也会通过虚拟化技术被划分成多个虚拟服务器。

（4）通用性

云计算所能提供的服务涉及硬件、软件、系统等多个方面，可以帮助用户进行存储、监控、计算、开发等多种操作。云计算就像一个"百宝箱"，用户可以根据自身需要查找对应的服务。

（5）灵活性

云计算的灵活性不仅体现在当前市面上常见的计算机资源，如存储网络、操作系统、软硬件等都可以通过虚拟化技术进入云资源虚拟池中被云计算所管理，而且用户对于云计算中相关服务的使用，也可以按需随时使用随时停止。

（6）高可靠性

云计算采用了分布式存储技术，数据资源被存放于多台服务器上并且可以根据实际情况选择是否对数据进行备份。当某一台服务器发生故障时，并不会导致所有数据的丢失。此外，由于云计算中心包含大量的机器，当部分机器出现错误时，随时可以使用闲置的机器继续为用户提供服务。

### 1.5.2 云计算的优势

云计算可以被视为对传统计算机网络的一次颠覆，人们的生活也因云计算的出现而发生改变。当前，云计算仍处于发展之中。因具有高拓展性，云计算吸收了不少高新技术的优势。目前云计算主要拥有以下几点优势。

（1）降低成本

现阶段，企业之间竞争激烈，降低成本是每个企业追求的目标之一。大部分公司的主要成本是所需要的 IT 硬件成本、软件成本、运维人员成本、机房租赁成本、网络成本等。云计算的使用一方面使个体和中小型企业不需要斥资购买高性能的服务器就可以享受高性能的计算服务，从而节省了相应的 IT 硬件成本及机房租赁成本；另一方面降低了相关技术的使用门槛，用户不需要为了使用某一项技术而专门进行专业知识学习。此外，对于企业而言，它们也不需要雇佣相关的运维人员维护设备，从而进一步降低了运维人员及网络方面的成本。

（2）减少相关的运营问题

运营是令大部分传统中小型企业感到棘手的问题，传统企业不仅需要雇佣员工对客户进行服务，还需要相应的技术人员负责对企业中的软硬件设施进行维护。由于云计算的功能强大，部分企业甚至可以通过第三方供应商提供的云平台开展自己的业务。对于云平台中的机器维护、数据安全性等问题，第三方供应商往往会有相关的技术人员负责解决，企业只需要处理好与用户相关的业务问题即可。

（3）促进团队协作

云计算的使用使信息资源的共享能够在网络上进行，团队中的各个成员不需要进行线下的接触即可进行团队协作。

（4）提升安全性

云计算所提升的安全性主要体现在数据存储上。一方面，对于存储数据的服务器，它们大多都处于供应商所提供的防火墙的保护之下，能够避免无关人员甚至是黑客的接触，并且在数据存储方面也做好了数据备份与相关的故障恢复准备，以避免系统故障带来的数据丢失。另一方面，数据在被访问时会对用户进行相应的身份认证。对于不同的用户，云计算系统会为他们设置基于身份体系结构的身份认证，存储他们的账户信息，以确保该用户的数据信息仅能被该用户查看。

## 1.6 云计算的未来

当前正处于数字化时代，全球企业都处于数字化转型的过渡期，云计算作为数字化技术的基石，也发挥着极其重要的作用。中研普华产业研究院发布的《2022—2026年中国云计算行业全景调研与发展战略研究咨询报告》显示，我国云计算行业的市场规模从最初的十几亿元增长到现在的上千亿元。在2018—2020年，我国云计算行业的市场规模增速均在30%以上。2019年，我国云计算行业的市场规模达1334亿元；而2020年，我国云计算行业的市场规模达1776.4亿元，同比增长33.16%，呈现出高速增长的发展趋势。此外，相关数据还显示，2020年，全球云计算行业的市场规模达到2245亿美元，较2019年增长了19.22%。以上数据均表明云计算仍具有相当大的发展潜力。在未来，云计算的发展主要有技术和业务两大方向，并不断与高新技术进行结合。

### 1.6.1 技术发展趋势

云计算中的技术主要可以被分为虚拟化技术、分布式存储技术、分布式数据管理、大规模数据管理等。随着时代的发展，云计算的相关技术也在进步。虚拟化技术是云计算中的代表技术，因此，虚拟化技术的发展趋势可以被近似看作云计算技术的发展趋势。

虚拟化技术的出现最早可以追溯至20世纪60年代，虽然在当时相关的硬件技术尚不发达，但是当时的计算工作相对简单，个人服务器能够承受相关的工作负载，因此虚拟化技术在当时只能作为一种设想供学者了解。而在随后的几十年时间里，数据规模迅速增长，要求更高的计算性能，通常的个人服务器再也无法满足用户需求，由此便衍生出第一代虚拟化技术——虚拟专用服务器（VPS）技术。

（1）VPS 技术

VPS 技术是将一台服务器划分为多台虚拟服务器的技术，该技术的实现主要用到了容器技术与虚拟化技术。在容器或虚拟机中，每台 VPS 都可以配置独立的 IP 地址、操作系统等。为了满足不同用户、企业的需求，相关的服务器虚拟化技术可以通过多种灵活方式分配服务器资源，每台虚拟服务器上的资源可以不相同。对计算性能要求较高的用户，对应的虚拟服务器则会被分配更多的 CPU；对存储量需求较大的用户，虚拟服务器则会被分配更多的存储器。此外，计算资源的虚拟过程损耗较低，这使 VPS 能够以更大的效率对计算机进行管理。但由于 VPS 的实现主要是通过相关的虚拟化软件，当其中某一台 VPS 占用了大量的计算、存储资源时，其余的 VPS 也会受到影响，因此 VPS 技术作为第一代云技术，尚未得到各行各业的普遍认可。

（2）虚拟化管理程序技术

VPS 技术主要是为了能够更好地运行某些程序，因此便有研究人员试图直接将程序进行虚拟化，由此便产生了虚拟化管理程序技术。VPS 技术本质上是划分硬件的过程，而虚拟化管理程序技术是一个软件过程，它利用机器上的硬件资源创造了一个虚拟环境（即虚拟机）。因此，虚拟化管理程序技术可以对多台虚拟机进行管理，从而更有效地利用底层主机的物理资源。此外，对于 VPS 技术的不足之处，虚拟化管理程序技术也进行了改进。虚拟化管理程序技术从逻辑上将虚拟机从主机中分离，通过这种方式，当虚拟化管理程序上的某台单独的虚拟机出现问题时，其他的虚拟机可以免受影响继续工作。虚拟化管理程序技术作为第二代云技术，已在应用程序结构上有了显著进步。但随着数据时代的来临，用户对保证数据安全性的要求逐渐提高。此外，海量的数据也使第二代云技术的衍生产品在结构、灵活性及资源的控制能力上逐渐无法满足现代应用程序的需求。

（3）混合托管

随着时代的发展，企业对于保证数据安全性及掌控更多资源的需求促进了混合云的产生。混合云作为混合托管技术的典型应用，它是一个具备多层架构的平台。混合云的架构不仅包含一个用于保证数据安全、控制资源的层结构，还包括一个具备可扩展性、灵活性的层结构，以随时应对数据增长对当前环境造成的压力。

混合托管技术为企业提供了近乎无限的资源配置方案，以及根据用户需求提供了对应的服务，因此逐渐成为各大公司所采用的主流技术，并用于构建相关的 IT 基础设施。

由此可以看出，云计算相关技术的发展逐渐向用户需求靠近，并且相关的功能也越来越强大。有学者预测下一代云计算技术会是具备了当前热门技术及集成了一定创新能力的智能平台。该平台能支持更多的业务，根据当前社会热门的用户需求进行功能调整，其在本质上是一个灵活的服务平台，可以解决当前紧迫的身份认证及网络安全问题。

### 1.6.2 业务发展趋势

当前云计算及其相关技术已经被普遍应用于互联网公司的某些业务之中，这不仅能为公司带来经济上的效益，也能够为相关业务的使用者带来便利。在当前主流的互联网业务中，最常见的为搜索引擎及社交软件。搜索引擎的出现使用户可以根据自己需求自行通过互联网寻求相应的信息，并且云计算的融入使搜索引擎可以对用户的搜索习惯进行保留，以便在用户的后续使用中为其提供更加精准的信息。而社交网络与云计算的结合形成了当前的热门社交应用模式——云社交。云社交通过对大量资源进行整合，进而为用户提供服务，它的出现进一步增强了用户之间的分享互动。目前，云计算还在朝着以下业务发展。

1. 教育云

2020年，新型冠状病毒肺炎疫情打破了传统的教育授课模式。为了在防止疫情传播减少人员聚集的同时，又不耽误学生的学业，各大学校纷纷开展了线上教学教育工作，教育云便于此时迅速发展。教育云实质上是信息化教育的一种，具体的模式也与各大公司推出的云计算平台类似。通过教育云，硬件计算机资源能够被虚拟化为相关的网络资源以供教育工作者使用。教育云主要包括云计算辅助教学及云计算辅助教育两种形式。云计算辅助教学主要是指教育工作者根据云计算所提供的服务来进行对应的教学工作，而云计算辅助教育则更偏向于一门学科，它更关注如何指导教育工作者使用相关的网络资源更好地进行教育工作、运用网络资源对课程编排设计进行优化等。教育云的出现使教育资源能够被更好地分配，提高了教育的质量，更多学生能够享受到高质量的教育。由于部分地区仍存在教育资源分配不平等等问题，教育云将持续发展，并针对当前的课堂氛围问题进行相关的优化。

2. 云原生

云原生是近几年提出的一个新概念。云原生技术使组织能够在新动态环境（如公有云、私有云和混合云）中构建和运行可缩放的应用程序。容器、服务网格、微服务、不可变基础设施和声明式 API 便是此技术的应用。这些技术实现了可复原、可管理且可观察的松散耦合系统。它们与强大的自动化相结合，使工程师能够在尽量减少工作量的情况下，以可预测的方式频繁地进行具有重大影响力的更改操作。当前各大公司对业务系统灵活性的要求提高，业务系统正变得越来越复杂。另外，用户需求和要求也逐渐变得复杂化，对于系统的响应时间过长、低性能及错误反复出现等问题，用户也无法再忍受。而云原生系统的出现正是为了提高快速更改、大规模操作和数据复原的能力，并且云原生兼顾了操作速度和敏捷性，因此必将是未来研究的核心。云原生的基础结构如图 1-2 所示。

图 1-2 云原生的基础结构

目前云原生的具体业务有移动应用程序、微服务应用、容器化应用等。云原生适用于各种不同类型的业务，可以帮助企业在云计算环境中提高敏捷性、可扩展性和效率。不同业务领域可以根据其特定的需求和目标定制云原生解决方案。

3. 信息安全

随着计算机技术的飞速发展，信息安全已经成为社会发展的重要保证。用户在使用网络的过程中，会留下操作痕迹并产生相关的数据信息，这些数据信息往往包含用户的个人信息，难免会受到来自世界各地的各种人为攻击，并造成信息被泄露与数据被篡改等结果。同时，服务器还可能经受水灾、火灾、地震、电磁辐射等带来的损害。随着云计算技术的不断发展和广泛应用，信息安全变得越来越重要，由此便衍生出云安全技术。

云安全技术是当前网络安全发展的最新技术之一，它集云计算技术、网格技术、加密技术及容器和微服务安全等技术于一体，将"云"上的多台客户端划分为不同的网格区域，对每个网格区域进行异常状态的检测与分析，同时云安全技术会收录最新的计算机病毒信息，对于在网格区域中被检测到的异常行为，系统会自动将之与计算机病毒信息进行匹配，并找出对应的解决方案。云安全技术主要有 4 种安全解决方案，分别为身份和访问管理、数据丢失预防、信息安全与事件管理、业务连续性和灾难恢复。

目前云计算在信息安全业务中的应用主要涉及数据隐私和保护、安全监控与威胁检测、容器和微服务安全、供应链安全等方面。

### 1.6.3 物联网与云计算

谷歌公司的董事长埃里克·施密特曾预言：互联网即将"消失"，一个高度个性化、互动化的有趣世界——物联网即将诞生。物联网是新一代 IT 的重要组成部分，也是信息化时代发展的重要产物。物联网是指"万物相连的互联网"，它是对传统网络的延伸和扩展。传统互联网旨在将用户与用户连接起来，相关的技术发展均围绕人而展开。但随着科技的发展，我们逐渐进入智能化时代，研究人员纷纷研究如何通过机器去完成以往需要人的智能才能完成的工作。物联网的出现正是处于这一大背景之下，它将用户之间的相互连接扩展到了物体与物体之间的连接，并且这些相连的物体之间也能进行相关的通信与数据信息交换操作。

当前，由于物联网将用户之间的连接拓展到了物体与物体之间的连接，物联网的业务及工作量相较于传统的互联网，也有了一定程度的增加，因此物联网常常需要借助云计算的帮助处理业务。基于此，云计算和物联网便常常同时出现，二者之间存在着密切的联系，但这种联系主要存在于结构上而非技术上。

对于物联网，它更像是一种载体或者平台，物体与物体之间的连接通过物联网这个载体实现，并且相关的通信与数据信息交换操作也在物联网上进行。在云计算的帮助之下，物联网可以更好地实现数据的存储、处理，以及解决计算机资源的分配问题。如果没有云计算，则物联网的出现必然会晚一段时间，并且即使出现，物联网的工作效率也会不尽如人意，因此可以认为物联网对云计算的依赖性很强。对于云计算，它本质上是一种技术，并且在物联网出现之前，其相关技术就已经被普遍应用于计算机领域中，可以认为即使离开了物联网，云计算仍能够持续发展。

但如果从未来发展的角度考虑，物联网必将引发一场新的技术与商业革命，把人类推向一个万物智能的世界。在以后的发展中，物联网与云计算之间的关系将会更加紧密，在物联网中产生的海量数据需要借助云计算的相关性能进行处理，而云计算在物联网中的广泛应用又必将带动物联网发展。

### 1.6.4 云计算与边缘计算

"边缘计算"一词首先出自 Akamai 与 IBM 公司的合作项目之中。Akamai 与 IBM 公司合作，尝试通过边缘计算技术为处于网络边缘的用户提供更好的服务。目前边缘计算技术已经发展了几十年，并逐渐在计算机领域中占据了一席之地。

我们对边缘计算的概念进行了解。在现实生活中，客户端与服务器之间通常存在一定的物理距离，数据的网络传输效率及服务器间的通信效果往往会受到距离因素的影响，而边缘计算的提出很好地解决了这一问题。边缘计算会根据所提供服务的性质进行判断，如果该服务主要与用户（客户端）有关，则会将具有计算、存储功能的服务平台搭建在物理意义上靠近用户（客户端）的位置；反之则将对应的服务平台搭建在靠近服务器的位置。由于物理位置上的靠近，相关的应用服务在边缘处发起并因此具备了更短的网络服务响应时间，从而提升了用户体验。

在国外，亚马逊公司开发的 AWS IoT Greengrass 是边缘计算技术的典型应用，它是一个为互联设备执行本地计算、进行消息收发及数据缓存的软件。通过 AWS IoT Greengrass，互联设备可以在不连接互联网的情况下进行数据同步和与其他设备之间的通信。而在国内，边缘计算在赛事的转播中也得到了广泛应用。边缘计算的使用使用户能够通过终端设备对赛事进行多角度、零时延观看，极大地提升了用户体验。

对于云计算与边缘计算之间的关系，可以将其类比为中央政府与地方政府之间的关系。云计算就像是中央政府，主要对整体结构进行把握，聚焦非实时、长周期数据的分析处理，能够进行定期维护且对业务决策等操作起到辅助作用。而边缘计算则更专注局部，聚焦实时、短周期数据的分析处理，能够更好地支持本地业务的实时处理。因此，云计算与边缘计算能够协同工作，相互配合。边缘计算通常更加靠近数据的产生方，能够为云计算在数据收集方面提供便利。另外，云计算通过对任务进行统筹规划，并将对数据处理后的结论下发到边缘处来指导边缘计算的工作。

## 习 题

1. 简述云计算的发展历程。
2. 可以将云计算看成一系列技术的集合，请简要叙述云计算的主要技术，以及这些技术所起的作用。
3. 简述云计算的优势。
4. 云计算是否完全依赖于物联网？请简述云计算与物联网之间的关系。

# 第2章
# 云计算的分类及产品应用

2.1 云计算按技术分类
2.2 云计算按部署模式分类
2.3 云计算按用户角色分类
2.4 云计算的产品应用
习题

云计算发展至今,其内部组成已经十分复杂,相关的衍生技术、产品及新名词更是层出不穷。云计算已经成为当前计算机技术中最重要、最高效的技术之一,被广泛应用于商业、学术领域之中,并逐渐进入人们的日常生活。目前云计算已经产生了私有云、公有云、云硬盘、虚拟桌面等技术,并仍在不断发展。

本章将分别从技术、部署模式、用户角色等多个角度对云计算进行分类,使读者从多个维度对云计算的具体应用进行了解,然后再分别从电信企业、传统数据库行业、互联网企业等角度对应用云计算的产品进行介绍,使读者能够了解云计算的前沿技术及在现实生活中的具体应用。

## 2.1 云计算按技术分类

云计算可以被视为一系列技术的集合,这些技术并非为了服务于云计算而产生,它们往往因自身的某些特性或功能与云计算的技术理念不谋而合,而被云计算所使用,并逐渐成为云计算中的典型支撑技术。当前根据主流的分类方法,可以将云计算从技术上分为虚拟化技术、分布式存储技术及数据管理技术,下面对这些技术进行详细的介绍。

### 2.1.1 虚拟化技术

简单来说,虚拟化技术指将一台物理计算机模拟为多台逻辑计算机,并且这些计算机在运行上相互独立,互不干扰。此处需要明确一点,这些逻辑计算机并不是真实存在于物理计算机或该计算机的操作系统之上的,而是位于物理计算机与操作系统之间的软件层,即 Hypervisor。在 Hypervisor 中可运行多个不同的操作系统。此外,Hypervisor

不仅能对其所在物理计算机上的物理设备（如输入/输出设备）进行访问和调用，还能对 Hypervisor 中存在的虚拟机进行资源调度，因此 Hypervisor 也被称为虚拟机监视器（VMM）。目前虚拟化技术主要可以分为以下几类。

（1）全虚拟化

全虚拟化主要是对硬件进行虚拟化操作，并且允许多个操作系统的独立运行。在全虚拟化技术中，物理计算机上的硬件属性会被映射至虚拟机上，通过 Hypervisor 将虚拟机对硬件的调用指令翻译为硬件所能识别的语言，从而使虚拟机也能够对相关的硬件资源进行使用。此外，全虚拟化技术的使用也使不同的操作系统能够在不进行改动的情况下安装至虚拟机中，为虚拟机的使用提供了便利。全虚拟化技术中的结构关系如图 2-1 所示。

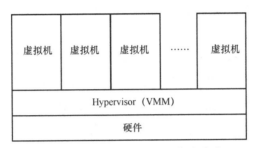

图 2-1　全虚拟化技术中的结构关系

全虚拟化技术的优势主要在于它的便捷性，在虚拟机中，进行操作系统的安装不需要进行额外的更改操作。但硬件设备在被 Hypervisor 映射的过程中必然会损失一部分硬件资源，此外，Hypervisor 的使用也会占用一部分计算机资源，以上原因均使全虚拟化技术在性能上存在一定的缺陷。

（2）准虚拟化

准虚拟化技术主要在全虚拟化技术的基础之上进行了一些改进。在虚拟机上，准虚拟化技术引入了专门的 API，API 的使用使不需要通过 Hypervisor 对虚拟机调用硬件的指令进行翻译，从而节省了一部分计算资源，提升了机器的运行效率。准虚拟化技术中的结构关系如图 2-2 所示。

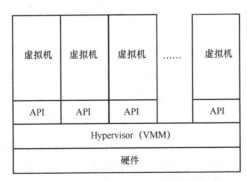

图 2-2　准虚拟化技术中的结构关系

准虚拟化技术的缺点在于，虚拟机中的操作系统必须支持 API 的使用。对于不支持 API 的操作系统则无法使用准虚拟化技术。

（3）桌面虚拟

以上所提的全虚拟化技术、准虚拟化技术均是对计算机进行虚拟化的操作，主要针对的是资源的分配问题，而桌面虚拟技术则主要针对管理问题。在计算机产生初期，由于计算机体积的庞大，通常在机房中对计算机进行统一管理。而随着硬件技术的发展，计算机的体积开始逐渐减小，用户所使用的计算机能够出现在不同的地域中，相关的管理工作也随着计算机所处地理位置的分散而逐渐复杂化。桌面虚拟技术的出现一方面使用户能够在计算机以外的设备上访问桌面，改变了用户的工作地点；另一方面使管理员能够对分散的桌面环境进行集中管理，提高了管理效率。

（4）操作系统虚拟化

随着技术的发展，虚拟化技术也在不断深化，从最初对硬件的虚拟化逐渐过渡到软件层次上的虚拟化。此处以 SWsoft 公司所提出的 Virtuozzo 技术为例。对于运行单一操作系统的机器，该技术会在此操作系统上安装一个虚拟化平台，并通过该平台将操作系统划分为多个独立的容器，每个容器即为一个虚拟的操作系统，这些虚拟的操作系统也被称为虚拟环境。在操作系统虚拟化技术中，不需要模拟任何硬件设备，并且多个虚拟环境共享一个文件系统，从而极大地提升了系统的性能。

## 2.1.2 分布式存储技术

分布式存储技术作为云计算中最常用的存储技术之一，通过对不同机器上的存储资源进行整合以存放各类数据信息。对于分布式存储技术，分别可以从需求和具体实现两个角度出发对其进行理解。

从需求的角度来看，在大数据时代，程序产生的数据越来越多，普通的存储机器已经难以满足互联网公司的存储需求了。对于存储空间不足的问题主要有两种解决思路，第一种是对单台存储机器的存储空间进行扩展，但这种方法随着存储空间的不断扩大而越来越难以实现；第二种则是增加存储机器的数量，这通常要比扩大存储空间更为简单，并且也能更加及时地解决各大公司的燃眉之急。

从具体实现的角度来看，在确定将数据存放至多台存储机器后，就要考虑数据的分片问题了。数据分片是将存储在单一数据节点中的数据分散地存储在多个数据节点中。对于数据分片，目前常用的手段分别是分数据库和分数据表。根据拆分逻辑可以将数据分片分为垂直分片和水平分片。水平分片是根据数据的自身结构对数据进行分片操作，而垂直分片则是根据业务（如对于具有高相关性数据的查询）对数据进行分片。

从这两个角度出发，理解分布式存储技术便不再困难。目前具有代表性的分布式存储技术有以下几种应用。

（1）Ceph

Ceph 是由塞奇（Sage）研究出的分布式存储系统，主要应用于 Linux 操作系统中。根据应用场景的不同，Ceph 可以被划分为对象存储、文件存储及块设备存储。与其他分布式存储技术相比，Ceph 的优势一方面在于对于所存储的数据，Ceph 可以充分利用数据节点的计算能力计算出数据的最近存储位置，从而保证对数据存储空间的合理使用。另一方面，Ceph 在设计上运用了 CRUSH 算法和哈希（Hash）算法，保证了 Ceph 单节点运行的准确性及在存储规模扩大时性能的稳定。

（2）Swift

Swift 最初是由 Rackspace 公司开发的分布式对象存储服务，于 2010 年作为开源系统被贡献给 OpenStack 社区。Swift 能够对静态数据进行长期存储，在存储期间也可以对这些数据进行检索、更新等操作。Swift 在设计上使用了哈希技术，并通过牺牲一部分数据的一致性来保证系统自身的可用性和可伸缩性。目前 Swift 常被用于存储虚拟机镜像、图片、邮件等数据。

（3）Lustre

Lustre 是第一个基于对象存储设备、开源的平行分布式文件系统，目前主要应用于高性能计算领域。Lustre 采用分布式的锁管理机制来实现并发控制，分开管理元数据和文件数据的通信链路。Lustre 的优势主要在于高性能、高可用性和高扩展性等方面，但它缺少数据存储的副本机制，并有可能存在单点故障。如果一个客户端或数据节点发生故障，存储在该客户端或节点上的数据在系统重新启动前将不可被访问。

### 2.1.3 数据管理技术

数据管理是利用计算机硬件及相关的软件技术对数据进行收集、存储、处理和应用的过程。数据管理技术发展至今主要经历了人工管理阶段、文件系统阶段及数据库系统阶段。数据管理技术所经历的 3 个发展阶段均有各自的背景和特点，其中的具体信息见表 2-1。

表 2-1　　　　　　　　数据管理技术 3 个发展阶段的背景和特点

| 发展阶段 | 人工管理阶段 | 文件系统阶段 | 数据库系统阶段 |
| --- | --- | --- | --- |
| 应用背景 | 科学计算 | 科学计算、管理 | 大规模数据、分布式数据的管理 |
| 硬件背景 | 无直接存取存储设备 | 磁带、磁盘、磁鼓 | 大容量磁盘、可擦重写光盘、按需增容磁带机等 |
| 软件背景 | 无专门管理的软件 | 利用操作系统的文件系统 | 由数据库管理系统（DBMS）支撑 |
| 数据处理方式 | 批处理 | 联机实时处理、批处理 | 联机实时处理、批处理、分布处理 |
| 数据的管理者 | 用户/应用程序管理 | 文件系统代理 | DBMS 管理 |
| 数据的结构化 | 数据无结构 | 记录内有结构、整体无结构 | 统一数据模型、整体结构化 |
| 数据的安全性 | 应用程序保护 | 文件系统保护 | 由 DBMS 提供完善的安全保护 |

在 20 世纪 60 年代后期,数据库出现之后,数据管理技术的发展陷入了一段时间的沉寂期。但随着大数据与云计算的发展,海量数据随之产生,对数据管理技术的研究又出现了一些进展,并产生了云数据管理技术。云数据管理技术主要被应用于对云数据的存储和管理上,它融入了分布式的存储管理理念和技术,从而提高数据存储和管理的可靠性,同时数据的安全性也能够得到保证。另外,云数据管理技术的大量应用还能够并行分析管理中的问题,高效地解决这些问题。目前较为成功的云数据管理技术的应用有 GFS 及 HDFS。

(1) GFS

GFS 是一个可拓展的分布式文件系统,能够对大体量的、分散的数据进行统一的存储与管理操作。要想理解 GFS 的工作原理,需要认识 GFS 的基础架构,如图 2-3 所示。

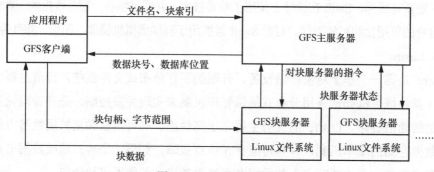

图 2-3 GFS 的基础架构

由图 2-3 中的信息可以看出,GFS 主要由一个 GFS 主服务器、多个 GFS 块服务器及 GFS 客户端组成。对于 GFS 中的文件,通常会被分成固定大小的块,每个块都有一个句柄用于对每个块起到标识作用,可以将句柄比喻为每个块的身份证。每一个块都被复制多份并被存储在 GFS 块服务器上,以确保存储的可靠性。GFS 块服务器会将块作为普通的 Linux 文件存储在硬盘设备中。

GFS 主服务器是系统的元数据服务器,对元数据进行日常的维护工作。元数据是描述信息资源或数据等的一种结构化数据。GFS 主服务器通常包含的元数据有命令空间、文件到块的映射及每个块所在的位置信息,其中命令空间及文件到块的映射会被服务器长久存储,每个块所在的位置信息通常来源于块服务器的汇报。

除了能对元数据进行日常的维护工作外,GFS 主服务器还负责分布式系统的集中调度,其中包括块租约管理、孤立块的垃圾回收及块迁移等机制。

GFS 的工作流程如下。当 GFS 要读取某个文件时,应用程序会调用 GFS 客户端所提供的接口,表明要读取的文件名、大小、偏移量等信息,随后 GFS 客户端会将偏移量翻译为数据库位置并发送给 GFS 主服务器。GFS 会将块句柄及块副本的位置信息返回给 GFS 客户端。GFS 客户端会根据块副本的位置信息向最近的 GFS 块服务器发送文件读取请求,其中包含了块句柄及字节范围。在收到对应的文件读取请求后,GFS 块服务器就会将文件内容发送给 GFS 客户端。

(2) HDFS

HDFS 被设计成适合应用在通用硬件上,并具备了当前常见的分布式文件系统的大部分特点。与其他分布式文件系统相比,HDFS 具备了更高的容错能力,能够被部署在价格低廉的机器上以降低机器购置成本,并且支持高吞吐量数据访问。此外,HDFS 还减少了可移植操作系统接口(POSIX)的约束,以实现对文件系统数据的流式读取。HDFS 的主要结构如图 2-4 所示。

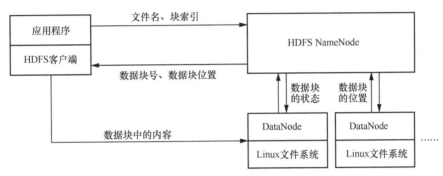

图 2-4 HDFS 的主要结构

从图 2-4 中可以看出,HDFS 采用了主从结构模型,一个 HDFS 结构主要由一个 HDFS NameNode 及多个 DataNode 组成。其中 NameNode 作为主服务器,其作用类似于 GFS 中的 GFS 主服务器,用于管理整个文件系统的命名空间,以及控制和协调数据块的存储和访问;DataNode 则主要负责对存储于其中的数据进行管理。

GFS 和 HDFS 在结构上非常相似,二者之间的区别主要体现在功能上。HDFS 作为一款开源的软件,它在设计之初就考虑到了不同用户之间的需求差异,因此对于常见的用户需求处理,HDFS 都能完成,在功能上具有代表性。而 GFS 作为谷歌公司内部的常用分布式文件系统,它在设计之初就是为了解决实际问题,因此 GFS 的功能更具有实用性。

## 2.2 云计算按部署模式分类

商业应用是云计算目前的一大常见应用场景。在商业场景中,往往要根据应用场景的不同,提供不同的云计算部署模式。例如学生群体对于云计算的使用可能更加看重功能是否齐全、相关服务是否收费,而公司职员、研究人员则可能更加看重对数据的隐私性和安全性的保证。目前根据应用场景的不同,云计算主要衍生出公有云、私有云以及混合云三种部署模式。

### 2.2.1 公有云

公有云通常是指第三方供应商通过公共的网络为用户提供一些云服务，用户可以通过网络访问对应的云平台进而享受各类服务，这些服务包括计算、存储、网络等，并且服务的收费模式由第三方供应商决定。

对于使用者而言，公有云的最大优点在于其所应用的程序及相关数据都被存放在公有云的平台上，用户不需要投入资金购买专业的设备或是搭建应用平台。在云计算的优势中，把前期的资本投入转变为运营费用只有在公有云里才能得到充分体现。在云计算愿景中描述的服务提供方式也主要是以公有云的形态存在的。

公有云目前最大的问题是，由于不将应用和数据存储在用户的个人计算机中，因此用户对数据安全、数据隐私的保护能力存在一定的顾虑。尤其是大型企业和政府部门，更加关注数据安全、数据隐私方面的问题。另外，公有云的可用性不受使用者控制，公有云上的相关服务主要由第三方供应商提供，因此在功能上也存在一定的不确定性。为了更好地推广公有云，一方面需要从技术和法规等方面来完善所提供的服务，另一方面也需要用户转变观念和意识。

公有云的特点和价值主要体现在以下几个方面。

① 服务方面：公有云能够提供种类多样的服务，用户可以根据自己的需要自行选择，并且不需要配置相关的环境即可使用。

② 成本方面：公有云能够按需提供用户所需要的资源，并且采用计量收费的方式，根据用户的使用量进行费用的收取，从而达到节约资源、降低成本的目的。此外，中小型企业也可以使用公有云所提供的服务，从而节约购置机器的成本。

③ 运维方面：传统的企业通过自行构建 IT 基础设施以支撑自身的业务，这些企业不仅需要购置服务器、存储器等设备，还需要雇佣相应的技术人员维护机器设备并且解决相关的技术问题。而在公有云的帮助下，企业只需要关注自身业务的部署与管理即可。

### 2.2.2 私有云

私有云是为某个企业或个人单独使用而构建的一种云计算服务形式。私有云可有效控制数据、安全性和服务质量。该企业拥有基础设施，并可以控制在此基础设施上部署自己的网络和应用服务。私有云可由相关企业的信息通信技术（ICT）部门构建，也可由专门的私有云供应商构建。私有云的所有者不与其他企业或个人共享资源，私有云的核心属性是资源专有。私有云比较适合于有众多分支机构的大型企业或政府部门。随着这些大型数据中心的集中化，私有云将会成为它们部署 IT 系统的主流模式。

不同于公有云,私有云部署在企业内部网络,因此它的优点是数据安全性高及系统、资源的专用性强。但缺点是私有云的使用依然需要一定的前期投入,也就是说它还是采用传统的商业模型。此外,私有云的规模相对于公有云来说一般要小得多,因此相关的服务性能、资源规模也不如公有云。

私有云的特点和价值主要体现在以下几个方面。

① 安全性:私有云通常只面向特定用户而非一般公众,并且私有云通常部署于供应商的防火墙内部,数据的安全性得到了一定程度的保障。

② 定制性:私有云的用户可以根据自己的需要定制相关的服务,并允许定制软件或平台,相关的私有云在构建上也需要围绕用户的需求进行。

③ 自主性:私有云用户可以选择符合自己偏好的软件或硬件,而不需要根据供应商所提供的软件和硬件被动进行选择。

与公有云相比,私有云的安全性更好,但代价是成本也比较高,并且公有云具备更强的弹性和可扩展性,能够更快获取最新技术。在业务类型方面,在公有云中一般部署企业的非核心业务、需要快速迭代更新的业务及向外部提供的业务,而在私有云中一般部署该企业的核心业务以及涉及信息安全、用户隐私方面的业务。公有云和私有云的对比见表 2-2。

表 2-2    公有云和私有云的对比

| 对比项 | 公有云 | 私有云 |
| --- | --- | --- |
| 用户类型 | 创业公司、小型公司、个人 | 政府、大型企业 |
| 业务类型 | 对外提供交互的业务 | 内部核心业务 |
| 安全 | 在主机层面实现安全隔离 | 在网络层面实现安全隔离 |
| 成本 | 初期成本较低,当业务量较大时,后期成本较高 | 初期成本较高,随着业务量增加,后期平均成本较低 |
| 定制 | 很少定制 | 灵活定制,可与现有系统进行集成 |
| 技术架构 | 自研架构,主要关注分布式、大集群 | 开源架构,主要关注高可用性、高灵活性 |
| 兼容性 | 根据公有云的要求来修改自身业务 | 主动兼容和适配自身业务 |
| 运维 | 用户无法自主运维,第三方供应商统一运维 | 自主运维,也可托管给第三方供应商运维 |

### 2.2.3  混合云

混合云作为云计算的一种部署模式,使私有云和公有云协同工作,从而提高用户跨云的资源利用率。混合云帮助用户管理跨云、跨地域的 IT 基础设施,是一个包含了公有云和私有云中的各类资源和产品的有机整体系统。当前混合云主要包括以下几种结构,即一个公有云与一个私有云的结合;两个及两个以上的私有云的结合;两个及两个以上的公有云的结合;至少包含一个公有云或私有云的计算机或虚拟环境。

1. 混合云的产生背景

现阶段，企业的 IT 架构已经从过去的集中式大型机模式变为当前的分布式虚拟化架构，并正在向多地多云的架构演进。根据自身特点的不同，业务在总体上可以被分为稳态业务和敏态业务两类，适合分别部署在私有云、公有云中。

稳态业务：常常通过物理机承载，要求高可靠性、低时延等，通常部署在传统网络或私有云中，满足裸机、数据库、核心业务等业务诉求，以及各种不进入云服务器内部的接入需求。

敏态业务：常常由虚拟机承载，通过 DevOps 模式来迭代应用程序，通常部署在公有云中，满足对资源的敏捷、弹性需求。

用户可以根据业务特点灵活选择云计算部署模式。例如，出于对安全性考虑，用户可以将私密数据存放在自己的私有云中。同时，将那些测试类业务（经常变更与升级）、外部用户经常访问的业务部署在公有云上，充分利用公有云的可靠性、专业运维、快速资源扩容等优点。

混合云是近年来云计算的主要部署模式和发展方向，被列为十大战略技术趋势之一。

2. 运作方式

在混合云中，公有云和私有云的工作方式与独立的公有云和私有云的工作方式完全相同。首先混合云会在局域网（LAN）、广域网（WAN）、虚拟专用网络（VPN）及 API 的帮助下将多台计算机连接在一起，随后会使用虚拟化、容器或软件定义存储等技术提取计算机资源，并将它们存入数据池中，最后会通过一些管理软件将数据池中的资源分配到实际的计算环境中，并利用身份验证服务按需配置。

在计算环境连接完成并进行了一定的配置后，一个个独立的云就变成了混合云。这种互联方式是混合云的工作基础，它在一定程度上实现了工作负载的移动、统一管理，以及流程的编排规划。多台计算机之间的连接强度将直接影响混合云的工作效果。

3. 混合云的特点和价值

混合云的特点和价值主要体现在以下几个方面。

（1）业务灵活性

用户可以按需选择业务的部署模式，将核心数据部署在私有云上，将新型应用部署在公有云上，用于进行测试及后续的迭代开发，同时享受私有云的安全性及公有云的灵活性。

（2）高可用性及随时访问

公有云通常部署在多个不同的地域位置，并提供了多种连接方式，用户几乎可以从任何位置访问相关的混合云服务。此外，公有云强大的功能也使混合云有了高可用性的特点。

（3）促进业务创新

使用公有云完成新业务的开发、测试，降低失败的成本，使用户可以更专注于业务本身，而不必过分担心相关资源的使用极限。同时，用户可以方便地获取、试用公有云上的一系列新服务、新工具，而不必在本地部署同样的工具和服务，为自身业务的创新提供便利。

## 2.3 云计算按用户角色分类

云服务是指由第三方供应商托管的基础架构、平台或软件，可通过互联网向用户提供。根据用户角色的不同，云计算可以分为以下 4 种类型，即 IaaS、PaaS、SaaS 及函数即服务（FaaS）。每种类型都能促进用户数据从前端客户端通过互联网流向云服务提供商的系统，或是反向流动，但具体情况会因服务内容而异。

### 2.3.1 IaaS

IaaS 表示云服务供应商通过互联网帮助用户管理基础架构，这些基础架构包括实际的服务器、网络、虚拟化和存储。用户可通过 API 或控制面板进行访问，并且用户基本上只是租用有关的基础架构，而非拥有。诸如操作系统、应用程序和中间件等由用户管理，而云服务供应商则负责管理硬件、网络、硬盘驱动器、数据存储和服务器，并处理中断、维修及硬件问题。这是云服务供应商的典型部署模式。在 IaaS 中，用户和云服务供应商所管理的内容如图 2-5 所示。

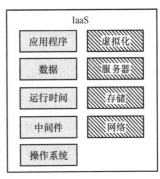

图 2-5 在 IaaS 中，用户和云服务供应商所管理的内容

IaaS 的基础架构模型如图 2-6 所示。

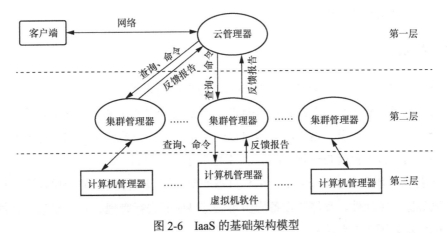

图 2-6 IaaS 的基础架构模型

从图 2-6 可以看出，IaaS 的基础架构可以大致被分为 3 个层次，即第一层管理全局，第二层管理计算机集群，第三层则运行部分虚拟机。

第一层的云管理器与第二层的集群管理器一般通过高速网络连接，当数据中心需要云端进行扩容时，高速网络能够为数据的迁移及资源的下载提供便利，从而优化云端扩容过程。而在计算机集群（后文简称"集群"）内的计算机倾向于采用本地局域网（如 10Gbit/s 以太网）或者超高速广域网，如果采用局域网，则灾难容错能力差；如果跨广域网，则网络带宽限制会成为发展瓶颈。图 2-6 中每一层的具体任务如下。

（1）第一层：云管理器

云管理器是云端对外的总入口，用户可以通过网络对云管理器进行访问，并进行身份验证、权限管理等操作。云管理器还可以向合法用户发放票据（用户持此票据使用计算资源）、分配资源并管理用户租赁的资源。

（2）第二层：集群管理器

每一个集群负责管理本集群内相互连接的计算机，一个集群内的计算机可能有成百上千台。

集群管理器能够接收来自上层云管理器的资源查询请求，然后向下层的计算机管理器发送资源查询请求，最后汇总各台机器在接收到资源查询请求后的反馈报告，从而判断下层计算机是部分满足资源查询请求还是全部满足资源查询请求，再生成另一个反馈报告传递给上层。当计算机管理器收到来自上层的分配资源的命令后，那么它就会进行相关的资源分配操作并配置虚拟网络，以便能让用户进行后续访问。

（3）第三层：计算机管理器

每台计算机上都有一个计算机管理器，它一方面与上层的集群管理器进行交互，另一方面又对本机上的虚拟机软件进行管理。计算机管理器把本机的状态（如正在运行的虚拟机数、可用的资源数等）信息反馈给上层，当接收到上层的命令时，它会指导本机的虚拟机软件执行相应命令。这些命令包括启动、关闭、重启、挂起、迁移和重配置虚拟机，以及设置虚拟网络等。

## 2.3.2 PaaS

PaaS 实现了硬件和应用软件平台可由第三方供应商来提供和管理，而用户只需要负责处理实际的应用程序和相关的数据。PaaS 主要面向开发人员和编程人员，旨在为用户提供一个平台，用来开发、运行和管理自己的应用，而不需要构建和维护与该流程相关联的基础架构。云平台就是一种 PaaS，其中包含了由阿里云、Azure、谷歌云、AWS 和 IBM 云所提供的服务。在 PaaS 中，用户只需要负责管理实际运行的应用程序及相关的数据，服务器、中间件、存储等设备均由第三方供应商进行管理、用户和第三方供应商所管理的内容如图 2-7 所示。

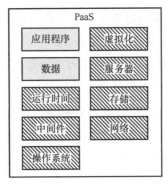

图 2-7　在 PaaS 中，用户和第三方供应商所管理的内容

PaaS 的基础架构模型如图 2-8 所示，它可以作为一种参考模型以供读者学习和了解。

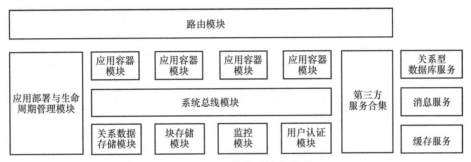

图 2-8　PaaS 的基础结构模型

① 路由模块：该模块的主要功能是将客户端用户的访问请求路由到对应的服务器实例处，并提供应用动态注册等功能。目前绝大多数的实现基于 nginx（高性能的 HTTP 和反向代理 Web 服务器），同时也需要使用简单的 Lua 脚本完成应用动态注册和路由查询等基本功能。

② 应用部署与生命周期管理模块：该模块可以将应用程序打包成可直接部署的发布包，是保证 PaaS 具备开发功能的关键。现有的通用 PaaS 平台需要支持多种编程语言和框架，如 Java、Python、Ruby 和 PHP 等，当应用发布时，PaaS 平台需要根据不同的编程语言将应用程序打包成通用的发布包，然后传递给应用容器模块部署。

③ 应用容器模块：应用容器是 PaaS 的核心，其主要功能是管理应用实例的生命周期，并定时汇报应用的运行状态等。应用容器可以基于虚拟机来实现（如 AWS），也可以使用 Linux 容器技术来实现。目前容器方面的最新技术为 Docker。

④ 系统总线模块：该模块也是极重要的模块，由于 PaaS 平台所搭建的是一个大规模分布式环境，通常具有数百台到上千台机器在平台上工作，此时模块之间的通信问题会变成一个核心的问题。因此 PaaS 引入了系统总线模块用于保证系统之间的通信及数据交换。

⑤ 关系数据存储模块：该模块需要保存应用程序和服务的基本信息，可以基于现有的数据库技术实现，如 MySQL 或者 SQL Server。

⑥ 块存储模块：该模块主要用于存储应用程序的发布包，从而保证程序包的长久存储。

⑦ 监控模块：该模块的作用是持续监控应用的运行状态，如是否正常运行、资源使用情况等。通过以上信息，维护人员能够对 PaaS 的工作状况进行持续了解。

⑧ 用户认证模块：该模块用于保证应用程序的安全性。通常而言，公有云的供应商会使用 OAuth 等技术提供用户认证服务。

### 2.3.3 SaaS

SaaS 是一种云计算形式，可通过网络浏览器为终端用户提供云应用，以及其所有的底层 IT 基础架构和平台。对于想避免购买或维护基础架构、平台和本地软件的大型企业、小型企业或个人而言，SaaS 是目前最理想的解决方案。在 SaaS 中，应用程序、服务器、中间件、存储等构件均由第三方供应商管理，就连用户在使用过程中产生的数据也由第三方供应商进行存储管理，用户和供应商所管理的内容如图 2-9 所示。

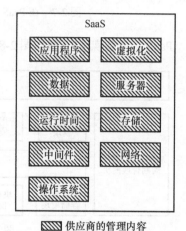

图 2-9 在 SaaS 中，用户和供应商所管理的内容

**1. SaaS 的运作方式**

不同于传统软件需要被永久购买或构建本地的 IT 基础架构，SaaS 可以降低用户的前期成本。然而，由于服务性能取决于互联网连接速度，因此在使用 SaaS 时应当具备良好的网络条件。

在 SaaS 中，第三方供应商通常都是软件供应商，它们可以选择以下两种部署方式向用户提供软件服务。

① 将软件部署在提供商本地的数据中心。

② 将软件部署在公共云服务商所提供的环境之中，如 AWS、Azure 或 IBM 云中。

SaaS 所提供的软件会通过多租户架构来隔离不同用户产生的数据。软件更新、漏洞修复及其他常规应用维护都由 SaaS 提供商负责，用户一般通过网络浏览器可以获取软件供应商所提供的软件服务。SaaS 解决方案通常功能齐全，并且支持用户通过 API 对部分软件的结构、功能进行调整。

**2. SaaS 的优势和特点**

（1）服务性

SaaS 使软件成为以互联网为载体的服务形式，并且考虑到服务合约的签订、服务质量的保证、服务费用的收取等问题，在使用过程中，SaaS 省去了如安装软件、配置软件运行环境等复杂的步骤，进一步突出了软件的服务性。

（2）降低成本

传统软件公司的产品在维护方面占据了一定的成本，即由于不同客户遍布各地，维护人员不得不到处奔波，耗费了大量工作时间和精力。当通过互联网提供软件服务时，相关行业的商业模式便从以研究为中心，转为以客户为中心，降低了工作成本。此外，在设备维护及售后方面，维护人员只需要对部署 SaaS 的软硬件环境进行维护即可，并且对于软件的售后服务问题，也不需要工作人员出差解决。

（3）简洁性

SaaS 的部署十分简单，不需要购买专业的硬件设备。用户在最初使用 SaaS 时只需要进行简单注册即可。企业不需要再配备 IT 方面的专业技术人员就能得到最新的技术应用，满足企业对信息管理的需求。用户也不需要为了使用最新的技术而耗费大量时间进行学习。

## 2.3.4 FaaS

FaaS 是当前比较新颖的一种云计算形式，其目的主要是为开发人员提供便利。开发人员在使用 FaaS 时，不需要维护应用程序的基础框架，FaaS 会为开发人员构建、运行和监督应用程序服务包。FaaS 以 PaaS 为基础，可以将其视为一种无服务器计算。无服务器计算使终端客户不需要部署、配置或管理服务器服务，代码运行所需要的服务器服务皆由云平台来提供，并且针对数据库、API 网关、存储、消息传递和其他基础设施的管理工作也由第三方供应商负责。国内外比较有名的产品有 Tencent Serverless、AWS Lambda、Microsoft Azure Functions 等。

1. FaaS 的工作方式

在介绍 FaaS 的工作方式之前，需要先介绍单体架构和微服务架构两个概念。

（1）单体架构

单体架构通常是相对于其他应用程序，独立运行的应用程序，这类应用程序在内部管理用户界面、应用函数、数据存储及交互界面。单体架构内部的各个部分具有很强的耦合性，相互之间具有高依赖性，难以拆分、扩容。

（2）微服务架构

微服务架构是以单一应用程序构成的微服务合集，微服务架构中的各类应用程序即使被划分成更小的服务单元，也能独立工作。微服务架构拥有自己的行程与轻量化处理，其提供的具体服务会根据业务功能进行设计，并以全自动化的方式部署，与其他服务通过 HTTP API 进行通信。同时，微服务架构会使用规模最小的集中管理（如 Docker），并且可以用不同的编程语言与数据库等组件实现。

微服务架构和单体架构之间的不同之处在使用函数时即能体现。当使用单体架构时，单个函数的执行会带动整个单体架构的运行。而在微服务架构中，单个函数的执行只会涉及微服务中某一个服务（微服务函数）的运行。

在 FaaS 中，当用户执行某一个微服务函数时，首先需要创造该函数并交由第三方供应商，该供应商会负责函数在平台上的运行和管理。由于 FaaS 是基于事件驱动模型而建立的，因此 FaaS 中的函数只有在被事件触发时才会执行，并且不会在后台运行。FaaS 中的函数通常只会负责一项任务。

2. FaaS 的优点

（1）函数易于调试

在 FaaS 中，用户只需要负责编写函数，并通过函数的配置文件将函数的使用方式告知对应的服务器。函数只负责处理输入和输出。函数在实际运行时被封装在容器之中，运行完成后，函数即被销毁，因此只需要定义好相关的输入即可对函数进行调试。

（2）部署时间短

在使用 FaaS 的过程中，开发人员不需要在基础架构或部署方面花费额外的精力，只需要编写应用程序逻辑即可，因此可以大大减少构建和部署应用程序所需要的时间。

（3）可扩展性强

FaaS 具有很强的可扩展性，容量规划相对简单。当用户需要更多的计算资源、存储资源时，可以直接向对应的 FaaS 供应商进行说明，以获取更多的计算机资源。多数 FaaS 供应商还配置了水平扩展功能，当 FaaS 处于使用高峰时，供应商会根据用户的资源使用情况决定是否为该用户分配更多的资源。

## 2.4　云计算的产品应用

云计算的产品应用是指云计算技术在发展过程中所衍生的技术、软硬件等产品的集合，目前这些产品已经覆盖了通信、医疗、教育、社交等多个领域。云计算的相关应用已经普遍服务于互联网，最常见的是网络搜索引擎和网络邮箱。国内用户比较熟悉的网络搜索引擎为百度。用户可以在网络搜索引擎上搜索自己想要的资源，通过云端共享数据资源。网络邮箱也是如此，过去写一封邮件比较麻烦，耗时长。在云计算技术、网络技术的推动下，网络邮箱成为社会生活的一部分，用户可以在网络环境中实时收发邮件。云计算的产品已经融入社会生活的方方面面。

### 2.4.1 电信企业的云计算产品

中国电信云计算分公司作为国内首家运营级的云计算公司,它依托中国电信覆盖全国、通达世界的通信信息服务网络和极大规模的互联网用户基础,集市场营销、运营、产品研发于一体,集约创新,为政府部门、企业和公众提供电信级、具有高可靠性的云基础资源、云平台应用及云解决方案等产品和服务。中国电信云计算分公司于2012年成立,经过多年的研究,已经研制出部分具有代表性的云计算产品。

1. 云硬盘(EVS)

云硬盘可以为云服务器提供高可靠性、高性能、规格丰富并且可弹性扩展的块存储服务,以满足不同应用场景下的业务需求,大部分云硬盘适用于分布式文件系统、开发测试、数据仓库及高性能计算等场景。云硬盘可以类比于个人计算机中的硬盘,但在使用前,云硬盘需要被挂载至云服务器中,无法单独使用。用户可以对已挂载的云硬盘执行初始化、创建文件系统等操作,并且把数据持久地存储在云硬盘上。

云硬盘能够为云服务器提供规格丰富、安全可靠、可弹性扩展的硬盘资源,云硬盘的优势具体如下。

① 规格多样性:存在多种规格的云硬盘,可将其挂载至云服务器中用作数据盘和系统盘,用户可以根据自身需求、费用预算及应用场景选择合适规格的云硬盘。

② 安全性:系统盘和数据盘能够提供数据加密功能,从而保护用户的数据安全。云硬盘支持数据备份、快照等数据保护功能,为存储在云硬盘中的数据提供可靠保障,防止应用异常、黑客攻击等情况造成的数据错误。此外,云硬盘还提供实时监控功能,以便用户可以随时掌握云硬盘的工作情况,避免意料之外的故障发生。

③ 可扩展性:当前可以创建的单个云硬盘的最小容量为10GB,最大容量为32TB。若用户已有的云硬盘的容量不足以满足业务增长对数据存储空间的需求,可以根据具体业务需求进行云硬盘存储容量的扩容,最小的扩容步长为1GB,最大可将单个云硬盘扩容至 32TB。在云硬盘的扩容过程中,用户的工作不受影响,可以继续进行。扩容云硬盘会受到容量总配额的影响,系统会显示用户当前的剩余容量配额,新扩容的容量不能超过剩余容量配额。

2. 云桌面(CVD)

云桌面又称桌面虚拟化、云计算机,是一种可以替代传统计算机的模式。通过云桌面,计算机中所包含的CPU、内存、硬盘等组件均可以在后端的服务器上进行模拟。通常,单台高性能服务器能够模拟1~50台虚拟主机。云桌面的使用使用户可以建立安全的数字化工作空间,满足移动办公、安全开发、教育实训、在线设计等场景需求,提升业务访问的安全性和连续性。通过自适应传输协议,终端用户可以获得优质的云桌面访问体验。

（1）云桌面的特点

① 监管性：在管理软件的帮助下，用户可以实现分钟级的云桌面交付，支持对处于不同地理位置的云桌面进行创建、分配、退还等全生命周期管理，极大地提升了部署和维护效率，从容应对各种业务需求。

② 灵活性：云桌面实例规格丰富，包括多种高性能图形处理单元（GPU）桌面。不同的用户可以根据自己的需求和实际应用场景，建立对应的实例搭配方案。目前云桌面已经能够覆盖高效办公、安全开发、图纸设计、视频编辑、重载渲染等复杂场景。

③ 安全性：用户在使用云桌面时产生的数据能够被保留在云端服务器上，并且云桌面还构建了安全围栏防泄密、水印威慑截屏拍照、协议加密传输屏幕变量等功能，有效提升核心敏感业务访问的安全性和连续性。

（2）云桌面的5种主要应用环境

① 远程移动办公：适用于分支机构、分布式办公、出差办公、居家办公等移动办公场景。数据安全不落地，用户可随时随地使用个人计算机、平板电脑、手机等终端接入个人桌面，实现无缝移动办公，大大提高办公效率。

② 协同办公：适用于项目团队合作、内容共创、资料实时共享等协同办公场景。用户可快速进行数据分享，提高办公效率。

③ 安全办公：适用于研发中心、软件开发外包管理、供应商上下游安全办公、IT运维等安全办公场景，主要包括接入终端、传输管道、云平台三大环节安全机制，保障用户数据安全。

④ 公用终端：适用于公司外包、暑期实习等临时工作的短期使用场景，也可用于图书馆、云教室、呼叫中心等公用终端场景，相关的计算资源随需使用，并且可以根据需要对设备进行扩容。

⑤ 在线设计：云桌面能够提供多种规格的高性能虚拟 GPU 云桌面实例，有效覆盖图纸查看、设计建模、影视剪辑、视频渲染等专业场景需求。云桌面传输协议会根据网络情况自适应调节传输通道带宽，确保图像传输稳定流畅，提供更好的画面质量。

### 2.4.2 传统数据库行业的云计算产品

在传统的互联网中，用户通常只作为信息的接收方存在，互联网产生的数据在可控的范围之内，因此传统数据库仍可以正常工作。但随着云计算的兴起，互联网也发生了极大的变化，用户在当今的互联网世界中不再只是数据的接收者，同时还是数据的生产者。基于此，互联网世界中的数据量跃升到一个难以预测的量级，这也为传统数据库行业带来了一些挑战。经过一段时间的发展后，传统数据库行业也产生了一些对应的云计算产品。

1. Amazon DynamoDB

在如今互联网技术高速发展的时代，云计算已经成为各个公司争相开发、研究的重点项目，而亚马逊公司更是这方面的先驱，它推出的云计算产品面市很早，因此拥有了庞大的客户群。Amazon DynamoDB 是一种全托管非关系数据库（NoSQL）服务，能够提供快速存储数据服务并且性能可预测，也能够实现存储空间的无缝扩展。DynamoDB 可以减轻操作和扩展分布式数据库的管理工作负担，因而不需要担心硬件预置、设置和配置，以及复制、修补软件或扩展集群等问题。此外，DynamoDB 还提供了静态加密功能，从而消除了在保护敏感数据时涉及的操作负担和复杂性。

DynamoDB 主要有以下 3 个组件。

（1）表

类似于其他数据库系统，DynamoDB 将数据存储在表中，表是数据的集合。如创建一个名为 People 的示例表，该表可用于存储好友、家人或关注的其他人的联系信息。

（2）项目

每个表包含 0 个或更多个项目。一个项目是一组属性，具有不同于其他项目的唯一标识。如在 People 表中，每个项目表示一位人员。DynamoDB 中的项目类似于其他数据库系统中的行、记录或元组。DynamoDB 对表中可存储的项目数没有限制。

（3）属性

每个项目包含一个或多个属性。属性是基础的数据元素，不需要对其进行进一步分解。例如，People 表中的一个项目包含人员 ID、姓名、年龄等属性。DynamoDB 中的属性类似于其他数据库系统中的字段或列。

DynamoDB 内部有 3 个层面的概念，具体如下。

（1）Key-Value

Key 唯一标识一个数据对象，Value 标识数据对象的具体内容，只能通过 Key 来对数据对象进行读写操作。

（2）节点

节点指的是某一个物理主机。每个节点均会有 3 个必备组件，即协调器请求、成员与故障检测、本地的持久化存储引擎，这些组件都由 Java 实现。本地的持久化存储引擎支持不同的存储引擎，最主要的引擎是 BDB TDS（存储大小为数百 KB 的对象更合适），其他还有 BDB Java Edition、MySQL 及一致性内存 Cache。

（3）实例

从应用的角度来看，实例就是一个服务，提供输入/输出功能。每个实例由一组节点组成，这些节点可能位于不同的互联网数据中心（IDC），即使 IDC 出现问题也不会导致数据丢失，因此具备更好的容灾能力和更高可靠性。

2. Azure SQL

Azure SQL 是微软的云数据库平台，也是 Azure（微软基于云计算的操作系统）的一部分。它是在 SQL Server 的技术基础上发展出来的、为云构建的、完全托管的关系数据库服务。目前除了提供数据库服务之外，Azure SQL 还提供报表服务及数据同步服务。

Azure SQL 的建立基于 3 个重要原则，即可管理性，可伸缩性和方便开发者。从开发者的角度来看，Azure SQL 提供了众所周知的丰富的关系数据库编程模型，使用相似的数据访问协议和简便的部署选择。使用 Azure SQL 消除了用户在构建和维护数据库服务器方面的顾虑，使开发人员有更多的时间和精力进行创新和试验。从 IT 管理者的角度来看，Azure SQL 提供了系统的、安全的云部署方案，并为 IT 基础架构提供了自动化的监控，节约了 IT 管理者在服务器监控方面所花的大量时间。另外，前文已提及 Azure SQL 建立在 SQL Server 的技术基础之上，因此具有和 SQL Server 一样的高可用性、高可靠性和安全性。从商业的角度来看，Azure SQL 提供了一种非常经济实用的方式方便用户管理数据，即基于使用量的定价计划，接近零成本的运营支出及根据需要快捷地扩容或缩容。如果应用程序计划构建在较大的或共享的数据集上，则要求提供能应对需求变化的具有可伸缩性的数据存储，或者希望以更低的成本增强本地部署的数据服务器。

3. 阿里云关系数据库服务（RDS）

阿里云 RDS 是一种可弹性伸缩的在线数据库服务，基于阿里云分布式文件系统和固态盘高性能存储，采用双机热备、数据多副本冗余及自动备份机制。

阿里云 RDS 支持 MySQL、SQL Server、PostgreSQL、PPAS（高度兼容 Oracle 数据库）和 MariaDB TX 引擎，并且提供了涉及容灾、备份、恢复、监控、迁移等方面的全套解决方案。

### 2.4.3 互联网企业的云计算产品

云计算技术的发展推动着相关企业的发展，谷歌、亚马逊、微软等企业均是云计算产业的领头公司。在当前互联网企业中，有以下典型的云计算产品。

（1）IBM "蓝云"

IBM "蓝云"包括系列云计算产品，可以让企业数据中心通过一种分布式、全局可访问的资源组织方式，像互联网一样运作，提供计算服务。"蓝云"系列产品包括虚拟 Linux 服务器、并行负载调度及 IBM 的 Tivoli 管理软件。IBM 在云计算领域的优势在于，它在构建、支持和运作大规模计算系统方面有着非常丰富的经验。IBM Almaden 研究中心在几年前就通过 Technology Adoption Program 项目进入了云计算领域，该项目是向工程师按需提供资源，如 IBM Db2 数据库和 Linux 服务器。

(2) Sun 的云计算

为了让云计算更容易被使用,Sun 目前主要正在进行两项业务,一项业务是建立 Network 网站,该网站集中了许多基于网格的在线应用,用户按照使用量进行相关的付费操作,现在 Network 网站已经演变成一个按需提供服务的虚拟数据中心,用户可以根据业务需求的变化选择所需要的服务;另一项业务则是 Caroline 项目,其目的是让需要 Web 应用和服务的开发人员可以很容易地获得基于云的资源,Caroline 项目支持多种编程语言开发的应用,包括 Java、Perl、Python、Ruby 和 PHP。

Sun Cloud 推出了两种核心服务,即 Sun 云存储服务和 Sun 云计算产品服务。用户可以通过 Sun Cloud,充分利用开源和云计算相结合的优势,加速新应用的交付,降低总体风险,并通过迅速调整计算和存储规模来满足需求。Sun 还将使用为 Sun Cloud 而开发的技术和架构蓝图,向想参与建造云计算的用户提供,来保证各个云计算之间的互操作性。Sun 正在充分利用多种技术使 Sun Cloud 变得更加便捷,无论是在应用实施方面还是资源分配方面。

Sun Cloud 服务的核心是 Sun 在 2009 年 1 月通过收购 Q-layer 获得的虚拟数据中心,这款云计算产品提供了个人开发或者团体构建和运行云计算数据中心所需要的一切。虚拟数据中心提供了一个统一整合的界面用以部署在云中任何操作系统上运行的应用软件,这些操作系统包括 OpenSolaris、Linux 和 Windows。除了以 API 和命令行界面通过浏览器来分配计算、存储和互联网资源外,它还具备拖放功能。Sun 云存储服务支持 WebDAV 协议,可以非常容易地实现对与 Amazon S3 REST API 兼容的文件访问及对象存储。

(3) Google App Engine

Google App Engine 是一个云计算的相关平台,在该平台上,用户可以在谷歌的基础架构上构建和运行应用程序。在 Google App Engine 上,应用程序在高负载、使用大量数据的情况下也能正常运行、部署,并且该平台支持多种计算机编程语言,如 Java、Python、Go 等。Python 相对而言简单易学,开发人员可以很容易地开发自己的应用程序。此外,由于 Google App Engine 与谷歌自身的操作环境联系比较紧密,很少涉及底层的操作,用户比较容易进行操作。

# 习 题

1. 简述云计算按技术进行分类时能被分为哪些技术。
2. 简述 PaaS 的基础结构。
3. 简述 SaaS 的优势和特点。
4. 简述混合云的工作方式。

# 第3章
# 分布式系统

3.1 分布式系统概述
3.2 分布式计算
3.3 分布式存储
3.4 分布式系统应用
习题

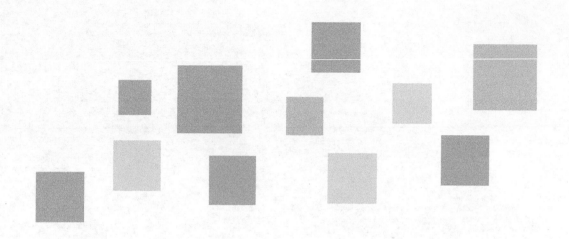

在计算机诞生初期，由于当时计算机所处理的任务普遍比较简单，应用程序的应用环境也相对不太复杂，因此集中式系统足够满足早期计算机的应用需求。但随着时代的发展，一方面互联网产生的数据量越来越庞大，另一方面计算机的应用环境也越来越复杂，传统的集中式系统因低性能、低容错性逐渐无法满足当前企业与个人的使用需求，因此当时迫切需要一个具备高性能、高容错性特性的系统。在新环境、新需求的推动之下，分布式系统由此诞生。

每个系统的关键部分都是计算与存储，因此本章将先从工作方式、优缺点等对分布式系统进行描述，使读者从多个方面对分布式系统进行了解，然后再分别介绍分布式计算与分布式存储。在介绍完理论知识后，还将介绍分布式系统的具体应用，使读者能够将理论知识与实际应用相结合，加深读者对分布式系统的理解。

## 3.1 分布式系统概述

分布式系统的诞生，最早可以追溯至 Jupiter 公司提出的一些概念和推出的产品。分布式系统发展至今，已是当前的常用系统模式之一。但在分布式系统诞生之前，集中式系统是计算机领域中最常用的系统模式。在集中式系统中，一台计算机一次只能完成一项任务，当任务量逐渐增多、应用环境变得更加复杂时，常常就需要多台计算机同时执行多项任务。但在当时，并行结构还无法处理这一问题，而单一计算机又受限于计算性能、硬件成本等问题，因此便有研究人员提出使用分布式系统的一些概念和设想，期望通过分布式系统解决上述问题。

### 3.1.1 分布式系统简介

分布式系统是由多个计算机节点组成的一个系统，这些节点可以是类似于服务器的机器，并且在空间中可以将它们部署于不同的地理位置。该系统存在多种硬件资源、软件资源，节点之间通过计算机网络实现相互通信、信息交换，并且该系统还存在着一个统揽全局的管理方式，这种管理方式被称为分布式系统。简单来说，分布式系统就是由一组通过网络进行相互通信，为了完成某些任务而进行相互连接、协同工作的多个计算机节点组成的系统。通过图3-1所示的分布式系统的粗略展示对分布式系统进行宏观的认识。

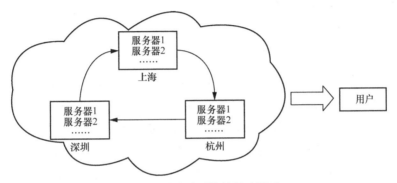

图 3-1 分布式系统的粗略展示

"分布式"的概念已经在计算机技术领域中得到了非常广泛的应用，学术界对众多冠以"分布式"头衔的概念与分布式系统之间的关系也没有一个权威的说法。如图3-2所示，分布式系统划分为分布式硬件架构、分布式操作系统、分布式数据库、分布式程序设计和分布式应用5个层次。其中分布式操作系统还包括分布式文件系统，分布式程序设计的产品通常是中间件（一类软件），而分布式计算和云计算则属于分布式应用中的重要内容。

图 3-2 分布式系统的层次

### 3.1.2 分布式系统的工作方式

所谓分布式系统就是如何使多台计算机协同完成多项任务的系统模式。多台计算机的协同工作主要存在两个关键问题，即任务的划分及相关数据的存储。任务的划分主要涉及在多个任务之间如何进行切片操作，使多个任务能够被划分成足够小的部分，并将它们分配给不同的计算机进行处理。而数据的存储一方面与系统如何存放大规模的数据有关，另一方面也与分布式系统的容错能力有关。以上两个关键问题的答案即分布式系统的工作方式。

首先在任务的划分方面，分布式系统采取分片操作。分片操作的思想很容易理解，即"分而治之"，通过将大任务划分为多个小任务，再将这些小任务分配给多台计算机进行处理，最后对计算机的处理结果进行汇总。可以看出分片操作的思想与 MapReduce 的工作原理极其相似，甚至可以认为 MapReduce 即分片操作的典型案例之一。除了任务划分方面，还有数据存储方面。对于海量的数据，单一计算机节点所能提供的存储空间往往十分有限，因此分布式系统通常对大体量的数据进行划分，并将它们存储在不同的节点上。此外，出于对安全性的考虑，也由于存储空间的富足，分布式系统对于重要的数据会进行冗余或复制操作，在多个节点上复制、存储同一份数据，从而提升系统的容错能力，数据的存放位置还会在不同程度上对计算性能起到提升作用。

### 3.1.3 分布式系统的优缺点

分布式系统的优缺点的得出主要是通过与集中式系统进行对比。在集中式系统中，由于资源、数据均被存储于一台计算机上，因此存在一定的安全风险。此外，所有的计算任务均在一台计算机上完成，系统在容错能力、性能及拓展性等多个方面均存在一定的不足。与之相比，分布式系统主要存在以下优点。

（1）可拓展性

分布式系统由多个计算机节点组成，并且在这些节点之间，通过计算机网络即可实现协同工作，因此当分布式系统的计算能力或存储空间容量难以满足实际需求时，只需要将需要添加的设备通过计算机网络连接至分布式系统中即可。

（2）资源的共享性

在分布式系统中，若干不同的节点通过计算机网络实现彼此之间的互联。对于一个节点上的用户，其不仅可以与其他节点上的用户进行通信，还可以使用其他节点上的硬件、软件资源，从而使低性能计算机的用户也能够享受到高性能计算机带来的便利。在分布式系统中，设备的共享比较常见，不同的用户可共享昂贵的外部设备，如彩色打印机；数据共享也十分常见，不仅允许多名用户访问公共的数据库，用户之间还可以共享远程文件。分布式系统还运行着用户使用的硬件设备，如高速阵列处理器。

（3）高性能

将某个复杂的计算任务划分为若干个并行运行的子任务是分布式系统的常见操作。在划分操作完成后，分布式系统会将这些子任务分配到不同的节点上，使它们同时在这些节点上运行，从而提升任务的处理效率。另外，分布式系统具有计算迁移功能，如果某个节点上的计算负载过大，则可将其中一些作业转移到其他节点上执行，从而减轻该节点的负载。这种工作机制也被称为负载平衡。

（4）容错性

分布式系统具有一定的容错能力。一方面，当分布式系统中的某一个节点因故障而不能工作时，其余的节点可以不受影响继续工作，整个分布式系统不会因为一个或少数几个节点的故障而停止工作。另一方面，分布式系统通常会对数据进行冗余存储，当节点中出现数据丢失时，通过数据备份可以寻回丢失的数据。分布式系统的容错能力对于大型互联网公司而言十分重要，系统短暂地停止工作或者数据的丢失都会为它们带来极大的经济损失。

（5）便捷性

在分布式系统中，各个节点通过一个通信网络进行互联。通信网络由通信线路、调制解调器和通信处理器等组成，不同节点的用户可以方便地交换信息。在底层，系统之间利用传递消息的方式进行通信，这类似于单 CPU 系统中的消息传递机制。在单 CPU 系统中，所有高层的消息传递功能都可以在分布式系统中实现，如文件传输、远程登录、电子邮件、Web 浏览器和远程过程调用。

分布式系统实现了节点之间的远距离通信，为互联网中用户之间的信息交流提供了便利。通过分布式系统，处于不同地理位置的用户还可以协同完成一个复杂的项目，在系统中共享项目文件，远程进入合作方的系统以配置环境、运行程序，从而协调彼此的工作。

分布式系统中存在大量的计算机，它们使用不同的操作系统及在硬件性能上的差异，使得在协同工作上存在一定的困难。不同计算机之间的协作一直是分布式系统的主要难点之一。此外，分布式系统还存在以下缺点。

（1）多节点的故障

在分布式系统中，一定数量的节点发生故障并不会影响整个系统的运作，并且单个节点发生故障的可能性并不高。但当节点数量上升到一定级别后，系统中可能发生故障的节点数量会随之增加，造成多节点的故障，从而影响整个系统的正常运行。

（2）通信网络的不可靠性

在分布式系统中，各个节点均通过通信网络相互连接，数量庞大的节点对网络性能提出了挑战。在目前的通信网络中，比较常见的问题有时延、丢包、乱序等。其中，时延是在进行多节点通信时最棘手的问题。

## 3.2 分布式计算

随着计算技术的发展，现如今，许多应用程序都需要非常强大的计算能力才能完成构建，如果采用集中式计算，需要耗费相当长的时间来完成。这个需求催生出分布式计算技术。分布式计算主要研究如何把一个需要非常强大的计算能力才能解决的问题分成许多小的部分，然后把这些部分分别分配给不同的计算机进行处理，最后把这些计算结果综合起来得到最终的结果。本节将首先对分布式计算进行简要介绍，随后阐述分布式计算与并行计算之间的关系，最后再介绍分布式计算的典型技术。

### 3.2.1 分布式计算简介

20 世纪 60 年代，出现了大型计算机（下文简称"大型机"）。大型机凭借其超强的性能、强大的输入/输出（I/O）处理能力，很快便在计算机的相关领域中占据了主要地位。当时由于单一机器的性能卓越，集中式计算及其相关结构也成为主流。与之相比，分布式系统因为关键技术的缺乏，还处于设想阶段。

集中式计算指由一台或多台计算机组成中心节点，相关的计算操作均在该中心节点上进行，在计算过程中产生的数据也会被存放在该中心节点上。然而，随着计算机系统逐渐向微型化、网络化的方向发展，传统的集中式计算需要强大的高性能机器，这不仅会导致成本攀升，还存在着较大的单点故障风险。为了规避风险、降低成本，互联网公司把研究方向转向了分布式计算。

与之相对的是，分布式计算不存在中心节点，而是存在多个节点，计算任务可以被分配至任意节点进行处理。在处理完成后，汇总各个节点上的处理结果进而得出最终结果。分布式计算的产生极大地提高了计算机的任务处理效率。

随着应用场景的复杂化、高性能计算设备的昂贵化，分布式计算正逐渐被各大互联网公司所采用，云计算便是分布式计算的一种典型代表。

### 3.2.2 分布式计算与并行计算的关系

并行计算作为处理复杂计算任务的另一种常用方法，常被用于与分布式计算进行比较。并行计算与分布式计算均属于高性能计算领域，现在主要被用于大数据处理方面的任务。

并行计算也称平行计算，通常研究的是如何让多个计算机程序或指令同时进行。并行计算根据模式的不同可以划分为两大类，即时间并行及空间并行。时间并行主要研究如何让多个计算机程序或指令同时进行，而空间并行研究的则是如何使用多个处理器处理计算任务，从而提升计算任务的处理效率。并行计算的出现一方面加快了问题的求解速度,另一方面也扩大了问题的求解规模。

并行计算的原理主要来源于对现实生活中实际问题的求解过程,如图 3-3 所示。对于现实中存在的复杂问题,首先将该问题的解决方案抽象为相关的模型,然后再通过对模型的描述设计相关的求解算法,最后再进行并行程序设计最终实现对问题的求解。

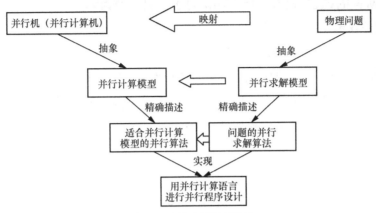

图 3-3　并行计算的原理

分布式计算在概念上与集中式计算正好相反,与此同时,并行计算也作为顺序计算的对应而存在。分布式计算与并行计算在作用、地位上具有一定的相似性,但在它们之间也存在一些差异。一方面,分布式计算拥有处理并行计算任务的能力,而并行计算却并不具备处理分布式计算任务的能力;另一方面,分布式计算的处理范围与并行计算相比更为广泛。并行计算与分布式计算的相同点和不同点见表 3-1。

表 3-1　并行计算与分布式计算的相同点和不同点

| 项目 | | 并行计算 | 分布式计算 |
| --- | --- | --- | --- |
| 相同点 | | 都是在并行计算的基础上,将大任务拆分成小任务,实现更高的计算效率 | |
| | | 都属于高性能计算领域 | |
| | | 主要用于大数据方面的相关任务 | |
| 不同点 | 时效性 | 比较看重时效性 | 关注的重点并不是时效性 |
| | 独立性 | 较弱,并且小任务的处理结果会影响最终处理结果 | 较强,小任务的处理结果通常不会影响最终处理结果 |
| | 任务之间的关系 | 关系密切 | 相互独立 |
| | 各个节点上的任务的时间同步问题 | 在时间上同步 | 无具体要求 |
| | 节点通信 | 必要 | 无具体要求 |
| | 应用场景 | 海量数据处理 | 穷举法 |

### 3.2.3 分布式计算中的典型技术

与云计算的组成类似,分布式计算也可以看成多种技术的集合。通常,分布式计算技术包括中间件技术、通用对象请求代理体系结构(CORBA)技术、网格计算技术、万维网服务(Web Service)技术、对等网络(P2P)技术等内容。

**1. 中间件技术**

中间件是介于应用软件和操作系统之间的一类软件,是基础软件中的大类,同时也在可复用软件的范畴内。通常情况下,中间件一般位于操作系统、数据库的系统软件的上层,应用软件的下层,并主要为应用软件提供应用环境、数据资源,从而帮助用户更好地使用应用软件。中间件的概述如图3-4所示。

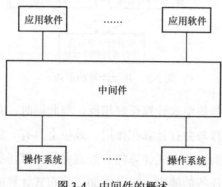

图3-4 中间件的概述

IDC对中间件定义为:中间件是一种独立的系统软件或服务程序,分布式应用软件借助这种软件在不同技术之间共享资源,中间件位于服务器-客户机的操作系统之上,管理计算机资源和网络通信。从该定义可以看出,中间件更像是一类软件的集合而非单一的软件。中间件不仅能实现应用软件与操作系统之间的相互连接,还能实现应用软件之间的互操作。

目前,中间件已经发展为能够与数据库、操作系统并列的基础软件。中间件有以下几种类型。

(1)通信处理中间件

通信处理中间件顾名思义主要负责软件间的通信问题。通信处理中间件也称消息中间件,能够充当不同软件之间的通信媒介,实现软件之间的数据传输,并保证数据传输的可靠性、实时性及准确性。

(2)交易中间件

交易中间件主要应用于分布式系统中,目的是对整个系统进行监控、调度和统一的管理。分布式系统往往存在着海量的事务等待处理,并且这些事务的处理可能会涉及多台应用服务器。分布式系统在发生故障时应当进行相关的排除措施,在发生阻塞时也应该进行相应的调度操作，以避免整个系统停止工作。交易中间件的存在便是为了应对系统中可能存在的故障情况，当系统在处理事务的过程中产生错误时，交易中间件能够自动切换处理事务的系统，从而使整个系统在不停机的情况下继续工作，保证了系统的可靠性。对于大量事务在多台应用服务器上实时并发运行的情况，交易中间件也能够进行负载调度，协调好每一台机器的工作量，保证负载均衡从而避免出现高负载的情况，避免大型、高性能的机器产生损耗。

（3）数据存取管理中间件

数据存取管理中间件的服务对象主要是数据，该中间件能够为数据在网络上的虚拟缓冲存取、格式转换等操作带来便利。在分布式系统中，数据往往被存放于不同的存储中，这些存储有关系数据库、文档数据库、多媒体数据库等，并且数据通常是经过加密、压缩或切片后被存放在存储设备中，数据存取管理中间件的存在能够为这些数据的读取与存储操作带来便利。

2. CORBA 技术

CORBA 由对象管理组（OMG）制定，是一个能够在不同平台、不同计算机编程语言之间实现对象通信的模型。CORBA 的存在为分布式计算环境下的对象资源共享、代码重用、代码移植，以及对象之间的相互通信、互相访问建立了通用的标准，同时也为软硬件之间的互操作提供了可参考的标准方案。

CORBA 主要被分为 3 个部分，即接口定义语言（IDL）、对象请求代理（ORB）及网际 ORB 间协议（IIOP）。

（1）IDL

IDL 是用于描述分布式对象接口的定义语言，在利用 IDL 进行接口定义后，就确定了客户端与服务器之间的接口，即使客户端和服务器独立进行开发，也能够正确地定义和调用所需要的分布式方法。

（2）ORB

ORB 是用户与分布式计算环境中的对象进行通信的接口，也属于中间件的一种。ORB 在 CORBA 中起着重要的作用，它定义了异构分布式计算环境下对象透明地发送请求和接收响应的基本机制，是建立客户端对象与服务端对象之间的关系的中间件。ORB 还提供了一个通信框架，在异构的分布式计算环境中，对象请求的传递可以通过该通信框架进行。CORBA 包括了 ORB 的所有标准接口。ORB 不需要作为组件单独实现，它由接口定义。任何提供正确接口的 ORB 实现都是可被接受的。

（3）IIOP

IIOP 是一个在对象之间能够实现互操作性的协议，它的产生同时也使使用不同计算机编程语言编写的分布式程序在互联网中可以实现彼此之间的交流沟通。在分布式计算中，IIOP 主要被用于规定 CORBA ORB 之间的交流。

3. 网格计算技术

网格计算技术的产生主要是为了利用空闲的计算机资源。随着技术的发展及计算机设备逐渐低廉化，越来越多的个人计算机开始走入平常人的生活，伴随而来的就是计算机的闲置问题，大部分人因为工作、生活等无法每时每刻都使用计算机。网格计算技术的产生便很好地解决了这一问题，该技术通过对多台计算机中的闲置计算机资源进行提取，如 CPU 资源和内存资源等，随后将它们组合放入分布式系统中的某个虚拟计算机集群里。由于不同的计算机可能位于不同的地理位置，因此网格计算技术具备了跨地域管理计算机及计算资源虚拟化的能力。网格计算就是通过互联网来共享强大的计算能力和数据储存能力。

网格计算技术有以下几点优势。

（1）提高资源的利用率

对于企业而言，网格计算技术的存在使公司用户能够将公司的整个 IT 基础设施看作一台计算机，并根据自身的需要使用尚未被利用的资源。

（2）促进合作

网格计算技术使各公司能够接入远程数据。一方面，不同公司之间可以通过数据共享开展合作项目；另一方面，分散在不同地理位置的公司能够通过网格计算技术共享从工程蓝图到应用程序等所有信息，协同处理项目中的问题。

（3）降低管理成本

通过网格计算技术，任何一台计算机都可以提供"无限"的计算能力，可以接入海量的信息。这能够使各企业解决以前难以处理的问题，提高计算机资源利用率，并通过对这些资源进行共享、有效优化和整体管理，从而降低计算的总成本。

4. Web Service 技术

Web Service 是近几年产生的一种新的分布式计算技术，是组件对象技术在互联网中的延伸，是一种部署在 Web 上的组件。Web Service 结合了以组件为基础的开发模式及 Web 的出色性能，一方面，Web Service 和组件一样，具有黑箱的功能，可以在不关心功能内部实现方式的情况下实现重用功能；另一方面，与传统的组件对象技术不同，Web Service 可以把不同平台开发的不同类型的功能块集成在一起，提供相互之间的互操作。因此，Web Service 目前被认为是下一代分布式系统的开发模型，得到了工业界的广泛支持，许多大型的计算机厂商已推出了支持 Web Service 开发的集成环境。

通过 Web Service 技术，各式各样的应用程序资源可以在各自的网络环境中使用。因为 Web Service 基于标准接口，所以即使这些应用程序是以不同的计算机编程语言编写的，并且在不同的操作系统上运行，彼此之间也可以进行通信。当前，适用于网络上不同操作系统的分布式应用程序越来越受到互联网企业的重视，而能够生成这类应用程序的 Web Service 技术也因此受到了更多的关注。

5. P2P 技术

P2P 技术本质上是一种缓解服务器压力的技术，它能够根据网络用户的带宽和计算能力对集中于服务器上的依赖进行转移。通俗来说，在 P2P 技术中，客户端同时也可以是服务端（服务器），并提供带宽、存储空间和计算能力等资源。P2P 技术中的计算机结构如图 3-5 所示。

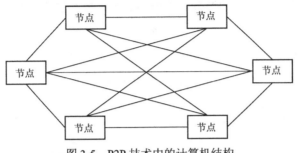

图 3-5　P2P 技术中的计算机结构

从图 3-5 可以看出，在 P2P 技术的计算机结构中不存在特定的服务器，并且各个节点之间相互对等。

P2P 技术可以将众多终端的 CPU 资源联合起来，服务于一个共同的计算任务。这种计算任务一般是计算量巨大、数据极多、耗时很长的科学计算。在每次计算过程中，计算任务（包括逻辑与数据等）被划分成多个片，被分配到参与科学计算的 P2P 节点机器上。在不影响原有计算机使用的前提下，人们利用分散的 CPU 资源完成计算任务，并将结果返回给一个或多个服务器，对众多计算结果进行整合，以得到最终结果。基于此，P2P 计算被广泛应用于分布式计算中。

## 3.3　分布式存储

简单来说，分布式存储就是将数据分散地存储到多个数据存储服务器上。在当前常见的分布式存储模式中，利用众多的服务器搭建一个分布式文件系统，随后在该分布式文件系统上实现相关的数据存储业务，本节将首先对分布式存储进行简要介绍，随后再分别阐述分布式存储的优势及相关的关键技术。

### 3.3.1　分布式存储简介

分布式存储是数据存储技术的一种，分布式存储技术的出现及发展与数据量的飞速增长息息相关。当前，计算机技术的发展进入了一个新的阶段，一方面，数据信息的重要性正在不断提升；另一方面，数据的存储成本也在逐渐下降。在这两个原因的加持之下，服务器中存放的数据逐渐增多，单台服务器因此无法满足企业的存储需求，由此便推出了分布式存储技术,用以将集中的大规模数据分散存放至不同的机器中。

分布式存储作为当前主流的数据存储技术,通过网络使用企业中每台机器上的磁盘空间,该技术能够将多台存储服务器中闲置、分散的存储空间集中起来,从逻辑上构成一个虚拟的存储设备,在物理层面上将数据分散存储在处于不同地理位置的多台计算机中。传统的网络存储系统采用集中的存储服务器存放所有数据,但随着数据量的增加,存储服务器逐渐成为系统性能的瓶颈,不能满足大规模存储应用的需要。与之相比,分布式存储将数据存放至多台机器上,并对数据进行备份和冗余编码,从而提高了数据存储的安全性及可靠性。此外,分布式存储能够根据需要随时对存储空间进行扩展,应对大规模数据的存储需求。分布式存储的结构如图3-6所示。

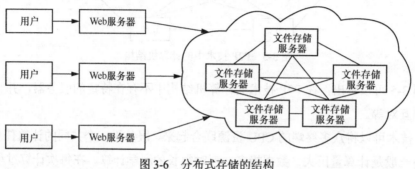

图 3-6 分布式存储的结构

### 3.3.2 分布式存储的优势

分布式存储在结构上采用了分布式系统架构,通过使用多台存储服务器来存储数据以分担单一高性能机器的存储负荷。对于存放于不同位置的数据信息,分布式存储技术还提供了利用位置服务器定位存储信息的方式。分布式存储不但提高了系统的可靠性、可用性和存取效率,还易于扩展,尽量减少通用硬件引入的不稳定因素。分布式存储的优势具体如下。

(1) 扩展性

在分布式存储中,存储设备群由多台机器组成,并且通过网络连接多台机器后即可使用,因此分布式存储的存储空间具备极强的可扩展性。在对存储设备群进行扩展后,原机器中的数据会被自动迁移至新机器中,从而实现负载均衡。

(2) 容错性

分布式存储提供了一个重要的容错手段——多时间点的自动连续快照技术,该技术使用户所在的系统能够实现一定时间间隔内的各版本数据的保存。此外,多时间点的自动连续快照技术还支持同时提取多个时间点的系统样本,以便进行系统故障恢复,这对于系统中的逻辑错误定位十分有效。如果用户有多台服务器或虚拟机可以用作系统故障恢复,通过比照和分析,可以快速找到最合适的系统恢复时间点,从而降低了定位系统故障的难度，缩短了定位系统故障的时间。这个功能还可以进行系统故障重现，从而对系统故障产生的原因进行分析和研究，避免再次出现类似的情况。分布式存储还存在多副本技术、数据条带化放置和周期增量复制等技术，为高可靠性提供了保障。

（3）高效性

分布式系统通常能够高效地管理缓存的读取和写入，并且支持自动分级存储。分布式存储通过将热点区域内的数据映射到高速存储中来提高系统响应速度。一旦这些区域不再是热点区域，那么存储系统会用新的热点区域替代它们。缓存的写入可以配合高速存储来明显改变整体存储的性能，按照一定的策略，先将数据写入高速存储，再在适当的时间点进行同步落盘。

（4）一致性

不同于传统的存储架构使用独立磁盘冗余阵列（RAID）来保证数据的可靠性，分布式存储采用了多副本备份机制。在存储数据前，分布式存储对数据进行了分片操作，将分片后的数据按照一定的规则保存在集群节点上。为了保证多个数据副本之间的一致性，分布式存储通常采用的是一个数据副本写入，多个数据副本读取的强一致性技术，使用镜像、条带、分布式校验等方式满足用户对不同数据可靠性的需求。在读取数据失败的时候，系统可以从其他数据副本读取数据，以进行数据恢复；当数据长时间处于不一致的状态时，系统会自动进行数据恢复，同时用户可设定数据恢复的带宽规则，最小化对业务的影响。

### 3.3.3 分布式存储中的关键技术

分布式存储本质上是数据存储技术的一种，它还包括许多关键技术，如元数据管理、系统弹性扩展技术、存储层级内的优化技术及针对应用和负载的存储优化技术。

1. 元数据管理

元数据是关于数据的组织、数据域及其关系的信息。简而言之，元数据就是对数据信息进行描述的数据。元数据主要在数据仓库中发挥作用，用于记录数据仓库中数据对象的位置。元数据是内部技术人员开发与维护数据仓库的蓝图，是业务终端用户数据仓库进行导航及定位有用信息的路标，因此在企业中发挥着极其重要的作用。目前元数据主要可以被分为图3-7所示的类别。

鉴于元数据在企业中的重要地位，元数据的存取性能决定了整个分布式文件系统的性能，因此各行各业都对元数据的管理十分重视。常见的元数据管理可以被分为集中式元数据管理架构和分布式元数据管理架构两大类。集中式元数据管理架构主要面向集中式系统，它采用了单一的元数据服务器，构造简单，但是存在单点故障等问题。分布式元数据管理架构则将元数据分散地存放在多个节点上，与数据的分布式存储思路类似，进而解决了元数据服务器的性能瓶颈等问题，并提高了元数据管理架构的可扩展性，但实现较为复杂，并存在数据一致性的问题。此外，还有一种无元数据服务器的分布式架构，通过在线算法组织数据，不需要使用专用的元数据服务器存放数据。但是该架构很难保证数据一致性，实现较为复杂，并且文件目录遍历操作效率低下，缺乏分布式文件系统的全局监控功能。

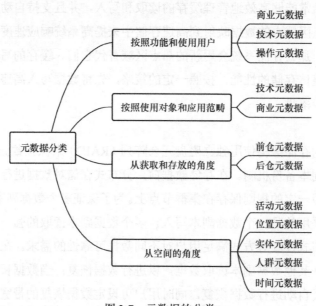

图 3-7　元数据的分类

**2. 系统弹性扩展技术**

在大数据时代下，数据规模的增长和复杂度的提升往往非常迅速，数据的存储需求也时常发生变化，因此系统需要具备一定的扩展能力，以满足不断变化的数据存储需求。实现存储系统的高可扩展性首先要解决两个重要问题，即元数据的分配和数据的透明迁移。元数据的分配主要通过静态子树划分技术实现，数据的透明迁移主要依赖于数据迁移相关算法的优化。大数据存储体系规模庞大，该体系中的某一个节点发生故障的概率较高，因此还需要实现一定的自适应管理功能，避免单一节点的故障对整个系统的运行产生影响。此外，系统应当能够根据数据量和计算的工作量估算所需要的节点个数，并动态地将数据在节点间进行迁移，以实现负载均衡，平衡每个节点的运行压力；同时，当某一个节点发生故障或失效时，必须通过多副本备份等机制进行数据恢复，以免对上层应用产生影响。

**3. 存储层级内的优化技术**

在实际使用时，存储系统往往不是现成的，需要根据实际使用情况对存储系统的构造进行调整。企业在构建存储系统时，通常需要从成本和性能两方面进行考量，基于此，通常会构造具有多层级的存储系统，并采用具有不同性价比的存储器件组成存储层次结构，以降低构建存储系统的成本。当前存储结构的应用环境越来越复杂，因此构建合理的存储层次结构，可以在保证存储系统性能的前提下，降低存储系统能耗和构建成本。利用数据访问局部性原理，可以从两个方面对存储层次结构进行优化。对于存储层次结构的性能，可以采用分析应用特征的方法，识别热点数据并对其进行缓存或预取，通过高效的缓存预取算法和合理的缓存容量配比，从降低成本的角度提高访问性能。此外，还可以采用信息生命周期管理方法，将访问频率低的冷数据迁移到低速、廉价的存储设备上，在小幅牺牲存储系统整体性能的基础上，大幅降低存储系统的构建成本和减少能耗。

4. 针对应用和负载的存储优化技术

在计算机行业的早期发展阶段，各个行业并未对传统数据存储模型的存储空间进行要求，传统数据存储模型仅需要具备较好的通用性，以支持更多的应用程序即可。在大数据时代下，数据具有大规模、高动态性及快速处理等特性，存储系统对上层应用性能的重视程度远远超过了对通用性的追求，因此需要针对应用和负载来优化存储，具体来说就是将数据存储与应用耦合，简化或扩展分布式文件系统的功能，根据特定应用、特定负载、特定的计算模型对分布式文件系统进行定制和深度优化，使应用达到最佳性能。这类优化技术目前已经被广泛应用在谷歌、Facebook 等互联网公司的内部存储系统上，帮助企业管理超过千万亿字节的大数据。

## 3.4 分布式系统应用

随着互联网泡沫的破裂，企业间的竞争变得越来越激烈。随着公司规模的不断扩大和业务的不断更新，集中式系统已经无法满足各行各业的业务需求，企业急需通过新一代的系统来管理复杂的异构环境，实现不同硬件设备、软件系统、网络环境及数据库系统之间的完整集成。

分布式系统因具有可拓展性、高性能及便捷性的特性，逐渐受到了许多企业的青睐，并因此迅速发展。当前，分布式系统主要被各大互联网公司应用。下面将对 Apache 软件基金会（ASF）下的 Hadoop、Spark 及 Flink 进行介绍。

### 3.4.1 Hadoop

Hadoop 是由 ASF 研发的一种开源的、具备高可靠性和较强的可伸缩性的分布式计算系统，主要用于对大于 1TB 的海量数据进行处理。Hadoop 采用 Java 语言开发，因此对于大多数用户而言上手比较简单。Hadoop 是对谷歌的 MapReduce 核心技术的开源实现。目前 Hadoop 的核心模块包括 HDFS 和分布式计算框架 MapReduce，Hadoop 的这一结构实现了计算和存储的高度耦合，十分有利于面向数据的系统架构，因此已成为大数据技术领域的事实标准。Hadoop 的 Logo 如图 3-8 所示。

图 3-8　Hadoop 的 Logo

Hadoop 作为分布式计算系统，它实现了分布式文件系统和部分分布式数据库的功能。目前将 Hadoop 广泛应用于大数据处理的相关任务中。Hadoop 在大数据处理上主要有以下 3 点优势。

（1）可靠性

Hadoop 具有高可靠性，能够对系统的故障进行预估。当数据存储失败或任务处理失败时，Hadoop 能够启用相关的工作数据副本机制，对数据存储失败的节点进行重新分布处理。

（2）高效性

Hadoop 中的节点以并行的方式工作，通过并行处理加快处理速度。

（3）可伸缩性

Hadoop 的可伸缩性体现在两个方面，一方面，系统可以向单个节点添加更多计算机资源（如 CPU 资源、内存资源等）。另一方面，在向 Hadoop 中添加资源时，不需要停止系统运行，在系统扩展时其余节点也能够继续工作。

Hadoop 的基础框架如图 3-9 所示，可以看出 Hadoop 由实现数据计算的 MapReduce 及实现数据存储的 HDFS 组成，相关内容已于前文中叙述，故此处不再赘述。

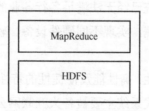

图 3-9　Hadoop 的基础框架

在经过多年的发展之后，Hadoop 已经发展为包含很多项目的集合，形成了一个以 Hadoop 为中心的生态系统，如图 3-10 所示。

Hadoop 生态系统中部分概念的具体内容如下。

① BI Reporting：是指使用商业智能工具和技术来分析和可视化存储在 Hadoop 集群中的数据。BI Reporting 将 Hadoop 中的数据转化为易于理解的图表，以帮助用户更好地理解数据、获取见解并做出决策。

② ETL Tools：是对数据进行抽取、转换及装载的工具集。

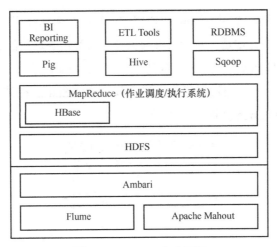

图 3-10 Hadoop 生态系统

③ RDBMS：关系数据库管理系统，用于存取、管理关系数据的一整套应用程序。

④ Pig：是 AFS 旗下的一个工具，用于分析较大的数据集，并将它们表示为数据流。Pig 能够提供相应的数据流语言和运行环境，实现数据转换和实验性研究。

⑤ Hive：擅长数据展示，通常用于离线分析。Hive 管理存储在 HDFS 中的数据，提供了一种类似于 SQL（HQL）的查询语言来查询数据。

⑥ Sqoop：是一款开源的数据同步工具，完成 HDFS 和关系数据库中的数据相互传递。

⑦ HBase：是一个针对结构化数据的具有较强的可伸缩性、高可靠性、高性能特性的，以及分布式和面向列的动态模式数据库。

⑧ Ambari：是 AFS 旗下的一款基于 Web 的工具，能够对 Apache Hadoop 集群的管理和监控等功能提供支持。Ambari 支持大多数 Hadoop 组件，包括 HDFS、MapReduce、Hive、Pig、HBase、ZooKeeper、Sqoop 和 HCatalog 等。

⑨ Flume：是由 Cloudera 提供的一个分布式日志管理系统，该系统具有高可靠性和高性能，能够对位于不同机器上的海量日志进行采集、聚合和传输。Flume 支持在日志管理系统中定制各类数据发送方，用于收集数据，同时提供对数据进行简单处理，并写入各种数据接收方（可定制）的功能。

⑩ Apache Mahout：是 ASF 旗下的一个开源项目，其主要功能是提供一些可扩展的机器学习领域经典算法，从而帮助开发人员更加方便、快捷地创建智能应用程序。此外，Apache Mahout 还包含了聚类、分类、推荐引擎及频繁集挖掘等常用的数据挖掘方法。

### 3.4.2 Spark

与 Hadoop 类似，Spark 同样隶属于 AFS 旗下，是专为大规模数据处理而设计的快速、通用的计算引擎。Spark 是美国加利福尼亚大学伯克利分校的 AMP 实验室所推出的开源项目，是类似于 Hadoop 的通用并行框架。Spark 保留了 Hadoop MapReduce 的容错能力及可伸缩能力；但与 Hadoop 不同，Spark 可以将中间输出结果保存在内存中，不再需要读写 HDFS，因此 Spark 能更好地适应数据挖掘与机器学习等需要迭代的 MapReduce 算法。

此外，Spark 和 Hadoop 的区别还体现在负载上，Spark 启用了内存分布数据集，除了能够提供交互式查询外，还可以优化工作负载，这使 Spark 在某些工作负载方面表现得更加出色。Spark 的 Logo 如图 3-11 所示。

图 3-11  Spark 的 Logo

在架构方面，不同于 Hadoop 的核心模块只包括 MapReduce 和 HDFS，Spark 的体系架构包括 Apache Spark 及在其基础上建立的应用框架 Spark SQL、Spark Steaming、MLlib、GraphX 等。其中 Apache Spark 是 Spark 中最重要的部分，主要完成离线数据分析。Spark SQL 提供了 Hive 与 Spark 进行交互的 API，将 SQL 查询转换为 Spark 操作，并且每个数据库表都被当成一个弹性分布式数据集（RDD）。Spark Streaming 对实时数据流进行处理和控制，允许程序像 RDD 一样处理实时数据。MLlib 是 Spark 提供的机器学习算法库。GraphX 提供了控制图、并行图操作与计算的工具和算法。Spark 体系结构如图 3-12 所示。

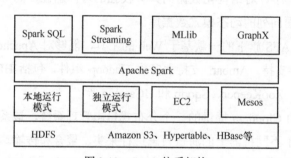

图 3-12  Spark 体系架构

Spark 也形成了自身的生态系统。Spark 生态系统以 Apache Spark 为核心，并在此基础上建立了专用于处理结构化数据的 Spark SQL、对实时数据流进行处理的 Spark Streaming、包含机器学习算法库的 MLlib 及用于图计算的 GraphX。Spark 生态系统如图 3-13 所示。相对于 Hadoop 的生态系统，Spark 生态系统中的成分更加精简。

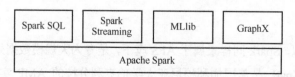

图 3-13  Spark 生态系统

Spark 生态系统中部分概念的具体内容如下。

（1）Spark SQL：是一个用于处理结构化数据的编程模块。它提供了一个被称为 DataFrame 的编程抽象，并且可以充当分布式 SQL 查询引擎。

（2）Spark Steaming：是构建在 Spark 上的实时计算框架，它对 Spark 处理大规模数据流的能力进行了扩展，并使 Spark 具备了一定的可扩展性、较高的吞吐率、一定的容错能力。Spark Streaming 还能够进行批处理和交互查询，适用于一些需要对历史数据和实时数据进行结合分析的应用场景。

（3）MLlib：是 Spark 中的一个核心库，提供了许多可用于机器学习任务的实用工具，适用于分类、回归、群集、主题建模、单值分解、主体组件分析、假设测试和计算示例统计信息等任务。MLlib 非常容易入门，用户可以通过 Java、Scala、Python 及 R 等编程语言使用 MLlib。

（4）GraphX：是一个分布式的图处理框架，基于 Spark 平台建立，并提供了丰富的接口用于图计算及图挖掘。GraphX 简单易用，极大地方便了对分布式图处理的需求。

### 3.4.3 Flink

在当前的互联网环境下，互联网用户、设备的数量迅速增长，互联网服务市场规模迅速扩大，应用程序的使用场景也变得更加复杂。随着企业业务的逐渐细化及用户需求随时可变，目前已有的 Hadoop、Spark 等框架可能在某些应用场景下无法完全地满足企业的使用需求，或者是实现需求所需要的代码量、架构的复杂程度远远超过了企业的承受能力。新场景、新需求的出现催产出新的技术，Flink 是目前较新的分布式处理框架，能够为实时数据流的处理提供便利。

Flink 是 AFS 旗下的一个分布式处理框架，主要用于对数据流进行处理和计算。Flink 在设计之初考虑了框架的兼容性，因此能在当前常见的集群环境中运行，并且兼具了高效性，能够以内存速度对任意规模的数据流进行计算。Flink 功能强大，支持开发和运行多种不同种类的应用程序。它的主要特性包括批流一体化、精密的状态管理、支持事件时间及精确一次的状态一致性保障等。Flink 不仅可以运行在 YARN、Mesos、Kubernetes 等多种资源管理框架上，还支持在裸机集群上独立部署。在启用高可用选项的情况下，Flink 不存在单点失效问题。在实际使用环境中，Flink 已经可以被扩展到数千个核心，达到万亿字节级别，且仍能保持具有高吞吐率、低时延的特性。在世界各地，有很多要求严苛的流处理应用都运行在 Flink 上。

Flink 的架构同样遵行分层架构设计的理念，基本上被分为 3 层，分别为 API&Libraries 层、Runtime 核心层及物理部署层，如图 3-14 所示。

（1）API&Libraries 层

API&Libraries 可以被分为 API 层及 Libraries 层。首先在 API 层，Flink 提供了用于

批处理的应用 DataSet API 及用于流处理的应用 DataStream API，两者向用户提供了丰富的数据处理高级 API，例如 Map、FlatMap 等。

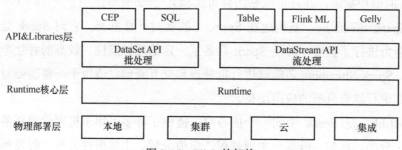

图 3-14 Flink 的架构

其次，在 Libraries 层上提供了一个资源丰富的组件库，该组件库包含了基于流处理的复杂事件处理（CEP）库、SQL 库、Table 库和基于批处理的 Flink 机器学习（ML）库、Gelly（图处理）库等。

（2）Runtime 核心层

Runtime 核心层主要负责对 API&Libraries 层中的不同接口提供基础服务，Flink 的核心功能主要在该层实现。Flink 中的程序会在流经 Runtime 核心层后被映射为分布式数据流，使 Flink 能够基于数据本身的特征进行窗口聚合处理。

（3）物理部署层

物理部署层主要涉及 Flink 的具体部署模式，目前 Flink 支持本地、集群、云、集成等部署模式。Flink 通过该层能够支持不同的部署模式，用户可以根据需要选择对应的部署模式。

Hadoop、Spark、Flink 是目前企业所使用的三大主流框架，它们之间的对比见表 3-2。

表 3-2　　　　　　　　Hadoop、Spark、Flink 之间的对比

| 项目 | Hadoop | Spark | Flink |
| --- | --- | --- | --- |
| 性能 | 最低 | 略低于 Flink | 最高 |
| 内存管理 | 提供可配置的内存管理 | 提供可配置的内存管理 | 提供自动内存管理 |
| 容错能力 | 具有较强容错能力，故在发生故障时，不需要重新启动应用程序 | 可进行系统故障恢复，并且不需要任何额外的代码或配置 | 遵循的容错机制基于分布式快照算法，该机制在维持高吞吐率的同时，提供强大的一致性保证 |
| 可扩展性 | 具备高可扩展性 | 具备高可扩展性 | 具备高可扩展性 |
| 语言支持 | 支持 Java、C、C++、Ruby、Groovy、Perl Python | 支持 Java、Scala、Python、R | 支持 Java、Scala、Python、R |
| 时延 | 较高时延 | 低时延 | 低时延 |
| 处理速度 | 较慢 | 较快 | 最快 |

## 习 题

1. 简述分布式系统的工作方式。
2. 简述分布式计算与并行计算之间的区别与联系。
3. 简述分布式存储中的主要技术。
4. 简述 Hadoop、Spark、Flink 之间的异同。

# 第4章
# 硬件资源

4.1 服务器概述

4.2 存储概述

4.3 网络概述

4.4 负载均衡概述

习题

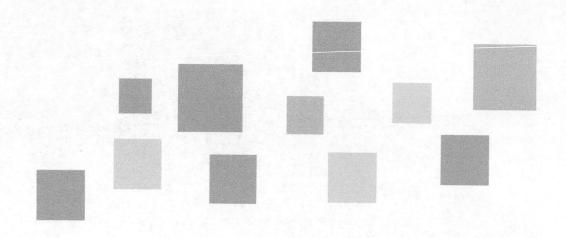

硬件资源是云计算架构的基础,不管是提供软件运行平台的 PaaS,还是云端应用程序提供服务的 SaaS,或者是其他形式的云计算服务,最终都会将作业分配到相应的硬件上执行。云计算的硬件资源包括提供计算能力的服务器、提供数据存储能力的存储、提供通信功能的网络设备及保障业务快速响应和连续性的负载均衡设备等,它们是承载云计算各项功能的基础设施。

## 4.1 服务器概述

服务器通常是指网络中为客户端或客户机提供各种服务的高性能计算机。服务器可以在操作系统的控制下将与其相连的硬盘、打印机及其他专用设备提供给网络内的客户端使用,也能为网络中的用户提供集中计算、数据管理等服务。

不同类型的服务器有不同的性能、外形和架构。下面按照不同的分类方式介绍服务器,并以华为 Fusion Server 2288H V5 机架式服务器为例介绍服务器的硬件。

### 4.1.1 服务器的分类

服务器和客户机是按照不同计算机在网络中的不同角色定位来进行划分的,即客户机向服务器提出请求,服务器则向客户机提供相应的服务和支持。

服务器在硬件上可以按照不同架构进行分类,在软件上可以按照其提供的服务进行分类,也可以按照应用环境的规模进行分类,还可以按照外形和部署方式进行分类。

1. 按 CPU 架构分类

服务器按照 CPU 架构进行分类，可以分为复杂指令集计算机（CISC）服务器、精简指令集计算机（RISC）服务器和显式并行指令计算（EPIC）服务器。

CISC 服务器也称 x86 服务器，由于 CISC 服务器的架构与主流计算机相同，因此 CISC 服务器的价格相对便宜且有很好的兼容性。缺点是稳定性差、安全性不高。

RISC 服务器的架构不同于一般计算机的架构，其体系较为独立和封闭，且价格昂贵。使用精简指令集 CPU 的服务器具有更好的稳定性和性能，主要用于关键业务和特定业务，如银行和电信的核心系统。

EPIC 服务器的代表作是英特尔的安腾系列处理器，其特点是 64 位字长及具有"并行处理"的能力。但随着 x86-64 架构的普及及安腾系列处理器本身具有兼容性较差、价格昂贵等特点，安腾系列处理器目前已经停产。在未来一段时间内，主流的服务器架构是用于中低端服务器和中小型企业非关键业务的 x86 架构，以及用于中高端服务器且适用于金融、证券、电信等大型企业的核心业务系统的 RISC 架构。

2. 按服务器提供的服务分类

服务器按照其提供的服务可以分为 Web 服务器、数据库服务器、文件服务器、程序版本控制服务器等，如图 4-1 所示。

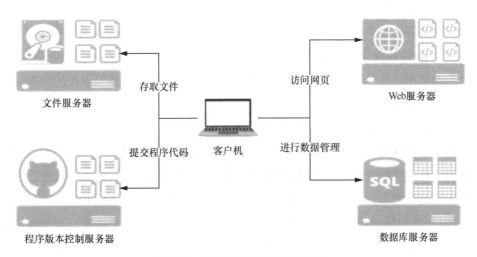

图 4-1　按服务器提供的服务分类

网络上各种存储和数据信息处理的相关服务是通过服务器来提供的，用户或客户机则通过网络来访问和使用这些服务，因此，服务器是网络的重要枢纽，也是网络的灵魂。

3. 按应用环境的规模分类

根据应用环境的规模对服务器进行分类，可以分为入门级服务器、工作组级服务器、部门级服务器及企业级服务器 4 类，如图 4-2 所示。

图 4-2  不同规模的服务器

(1) 入门级服务器

入门级服务器最基础的服务器，其性能和架构与普通个人计算机没有太大差别，因此其稳定性、可扩展性及容错性能相对较差。它主要适用于工作网络流量较小、没有复杂应用且不要求长期稳定性和不间断提供服务的场景。

(2) 工作组级服务器

工作组级服务器是低端服务器，性能略高于入门级服务器，包含一些入门级的服务器管理功能，但其运算能力和存储能力较差。它主要用于满足中小型网络用户的数据处理、文件共享、互联网接入及简单数据库应用的需求。

(3) 部门级服务器

部门级服务器是中端服务器，相对于工作组级服务器，它在性能上有较大提升，一般拥有多个 CPU 和较大的存储空间，以及全面的服务器管理能力。当业务数据量增加时，支持对系统硬件进行升级，具有良好的系统扩展性。部门级服务器可以作为中型企业的数据服务器或 Web 站点等应用。

(4) 企业级服务器

企业级服务器属于高端服务器。企业级服务器通常能支持几十个 CPU 和大规模存储。相对于部门级服务器，企业级服务器有更强的容错能力、更长的系统连续运行时间和更稳定的运行状态，同时支持故障报警、在线诊断、随机存储器（RAM）、外设部件互连（PCI）接口热插拔等高级功能。它适合应用于需要处理大量数据、具有极快的处理速度和对可靠性要求极高的金融、证券、交通、邮政、通信等行业或大型的企业中。

4. 按外形分类

按外形可以将服务器分为以下几类。

(1) 塔式服务器

仅从外观上看，塔式服务器类似于一般台式计算机的主机箱，例如，Dell PowerEdge T440 塔式服务器如图 4-3 所示。相对于台式计算机的主机箱，一般塔式服务器体积更大，因此拥有更大的内部空间，并且预留了较多的硬盘、内存的插槽以增加其扩展性。

图 4-3　Dell PowerEdge T440 塔式服务器

塔式服务器一般是入门级服务器、工作组级服务器或部门级服务器,通常在企业或部门内部作为工作站、文件共享服务器或运用在其他针对内部局域网的应用上。在设计塔式服务器时已经考虑了扩展性,但受限于单个机箱的尺寸,其扩展性上限较低。同时由于其和台式计算机的主机箱一样需要直立放置,导致单台服务器占用的空间较大,且不便于将其放入机柜中进行管理,因此,在云计算的机房或中大型数据中心中,较少使用塔式服务器。

(2)机架式服务器

机架式服务器,顾名思义就是指可以安装在标准宽度为 19 英寸(1 英寸≈25.4mm)的工业机柜里的服务器。华为 FusionServer 2288H V5 服务器如图 4-4 所示,从外观上看,机架式服务器不像常见的台式计算机主机箱,而更像是一台交换机。

图 4-4　华为 FusionServer 2288H V5 服务器

和宽度的标准规格一样,机架式服务器的厚度或者高度也遵循标准规格,其高度以"U"为单位(1U=44.45mm)。常见的标准规格有 1U、2U、4U 等。使用标准化的高度和宽度方便在安装机架式服务器时进行规划。因此,机架式服务器在云计算及各类数据中心机房中使用较多。

(3)机柜式服务器

机柜式服务器也被称为整机柜服务器,一般在大型互联网公司的数据中心使用。机柜式服务器的最大特点是在出厂时就是一个"柜子",例如,浪潮 ORS3000S 服务器如图 4-5 所示。

这个"柜子"中可能有几十台服务器,可能还有交换机等网络设备。这些服务器和网络设备被整合到一个"柜子"中,它们共用一套电源和散热风扇。在使用时,只需要将机柜式服务器摆放至合适的位置统一接上电源即可。

图 4-5　浪潮 ORS3000S 服务器

（4）刀片服务器

刀片服务器的外观像一个大箱子，例如，Lenovo Flex System Enterprise Chassis 和 ThinkSystem SN550 刀片服务器如图 4-6 所示，可以在其中插入很多"刀片"，每个刀片就是一台独立的服务器。它们也共用一套电源和散热风扇，刀片服务器一般都支持热插拔，如果想要进行管理和扩展，就相对方便。刀片服务器内部的各服务器间的通信速度很快，因此适合作为高性能计算集群，但其内部服务器密度较大，通常需要注意刀片服务器的散热问题。

图 4-6　Lenovo Flex System Enterprise Chassis 和 ThinkSystem SN550 刀片服务器

### 4.1.2　服务器的硬件

服务器是高性能计算机，同时也遵循冯·诺依曼结构。冯·诺依曼结构示意如图 4-7 所示。服务器的硬件由输入设备、存储器、运算器、控制器、输出设备构成。

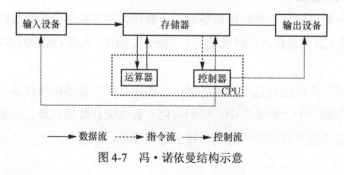

图 4-7　冯·诺依曼结构示意

运算器和控制器共同组成了 CPU，而 CPU 缓存和 RAM 都属于存储器。在 I/O 设备上，服务器通常不会长期连接显示器和键盘，一般通过网络进行远程输入和输出操作。

图 4-8 所示的是华为 FusionServer 2288H V5 服务器去除机箱盖、CPU 散热器和导风罩后的内部结构。

图 4-8　华为 FusionServer 2288H V5 服务器内部结构

① CPU 插槽：具有高性能 CPU 的服务器通常不止一个 CPU 插槽，图 4-8 中的华为 FusionServer 2288H V5 服务器就有两个 CPU 插槽。

② 内存：服务器可以安装的内存条远多于普通计算机。

③ 硬盘：大量的硬盘位于服务器正面，在不拆卸机盖的情况下方便对硬盘进行插拔操作。

④ 主板：主板是基础的部件，也是最重要的部件之一。相对于普通计算机的主板，由于服务器在生产过程中可能长期处于高负载状态，因此在耐用性和功耗上对服务器主板有更高的要求。

⑤ 散热风扇：用于将服务器工作时内部产生的热量带走，使服务器内部元件维持在正常的工作温度。相对于普通计算机的散热风扇，在设计服务器风扇时更多考虑的是散热效率而不是静音性，因此一般服务器运行时的散热噪声远大于普通计算机的噪声。

⑥ 可扩展的 I/O 设备卡：可以根据需求增加额外的网卡。

## 4.2　存储概述

将服务器的存储分为内置存储和外置存储两类。内置存储是指将硬盘直接安装在服务器内部，通过内部的小型计算机系统接口（SCSI）或串行先进技术总线附属接口（SATA）与总线相连。外置存储是指并不将硬盘安装在服务器内部，而是通过网络或外部总线接口供服务器使用。

### 4.2.1 内置存储

内置存储是把硬盘安装在服务器内部,并通过 SCSI 或 SATA 直接与总线相连,这种方式与普通计算机使用硬盘的方式一致。但是服务器作为对性能和稳定性都有较高要求的高性能计算机,在使用内置存储时通常不会只使用一块硬盘,原因主要有以下两点。

① 单块硬盘受其读写性能的限制,常常成为服务器 I/O 操作性能的瓶颈。

② 如果仅使用单块硬盘,硬盘损坏会导致数据丢失,从而影响服务器的稳定性。

因此,服务器通常会使用多块硬盘并通过独立磁盘冗余阵列(RAID)的方式来组织这些硬盘。

RAID 有不同的级别,如 RAID 0、RAID 1、RAID 5 等。这些级别本身没有高低之分,只是代表不同的硬盘组织方式。

#### 1. RAID 0

RAID 0 也被称为条带化存储,如图 4-9 所示,其原理是将一段数据划分为 $N$ 份并存储在 $N$ 块硬盘中。因此,在写入时可以同时写入一段数据的 $N$ 份,在读取时可以同时读取一段数据的 $N$ 份。理论上,由 $N$ 块硬盘组成的 RAID 0 的读写速度是单块硬盘的 $N$ 倍。

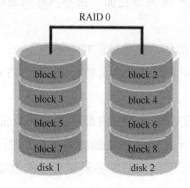

图 4-9 RAID 0

RAID 0 最大的优点是读写速度快,缺点是没有容错机制。由于 RAID 0 具有将一段数据的 $N$ 份分别存储在 $N$ 块硬盘上的机制,因此任意一块硬盘损坏将导致一份数据损坏,从而导致整段数据损坏。RAID 0 适用于追求高 I/O 性能,但对数据安全性和服务稳定性没有要求的场景。

#### 2. RAID 1

RAID 1 也被称为镜像存储,如图 4-10 所示,其原理是将一段数据同时存储在 $N$ 块硬盘上。RAID 1 有很好的容错性,由于一段数据被存储在所有的硬盘上,因此,在 $N$ 块硬盘中,只要有一块硬盘是正常的,数据就不会丢失。

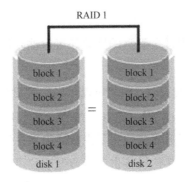

图 4-10　RAID 1

RAID 1 的缺点是硬盘空间的利用率低和写入性能较低。RAID 1 的可用硬盘空间通常以组成 RAID 1 的硬盘中最小的空间为准，因此大量的硬盘空间被浪费。RAID 1 在写入时会将同一段数据写入多块硬盘，对于写操作性能来说，相比使用单块硬盘没有得到提升。RAID 1 在读取数据时可以从多块硬盘中同时读取，效率很高。

RAID 1 适合对硬盘空间的利用率和数据写入性能要求不高，但对数据安全性要求较高的应用场景。

3. RAID 5

RAID 5 是在写入数据时将额外的奇偶校验信息保存到其他硬盘。在 RAID 5 中，并不是将数据的奇偶校验信息单独保存到某一块硬盘，而是将其存储到除了自身以外的每一块对应硬盘中，这样的好处是其中任何一块硬盘损坏都不至于导致整段数据损坏。RAID 5 如图 4-11 所示，"parity" 部分存放的就是数据的奇偶校验信息，因此，RAID 5 和 RAID 1 不同，RAID 5 实际上没有备份硬盘中的数据本身，而是当硬盘出现问题时，通过奇偶校验技术来尝试重建损坏的数据。RAID 5 的技术特性兼顾了硬盘的读写速度、数据安全性与空间利用率等因素。

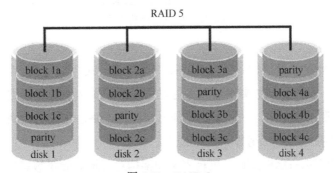

图 4-11　RAID 5

从上面的描述中可以看出，不同级别的 RAID 各有利弊。在实际使用时可以根据需求选择其中的一种 RAID 或者对不同的 RAID 进行组合，比如使用 RAID 10（即 RAID 1 和 RAID 0 的组合体）或者使用比 RAID 5 容错能力更强的 RAID 6 等。

4. 内置存储的缺点

尽管 RAID 技术极大地提升了硬盘的性能和可靠性，但是内置存储仍然存在缺点，主要有以下 4 个。

① 扩展性。由于机箱空间有限，因此可以扩展的硬盘数量也有限，限制了存储空间的扩展性。

② 空间利用率。当一台服务器只使用了少量的内置存储空间时，空间的利用率较低，大量的硬盘空间被浪费，并且其他设备也不能方便地利用这些空间。

③ 数据分散。将各台服务器的数据存储在各自的硬盘中，不利于进行数据共享和备份。

④ 总线占用。内置存储直接通过总线和内存相连，对总线有一定程度的占用，会有一定的性能影响。

基于上述缺点，人们希望能够外置存储，将存储作为一个独立于服务器的存在。

### 4.2.2 外置存储

对于承载了大量数据存储、访问的服务器来说，内置存储空间，或者说仅使用内置硬盘往往不足以满足存储需要。因此，除了内置存储外，服务器还需要采用外置存储的方式对存储空间进行扩展。

如图 4-12 所示，外置存储有两种方式，即直接附接存储（DAS）和网络化存储（FAS）。其中，FAS 根据使用的协议不同又分为网络附接存储（NAS）和存储区域网（SAN）。

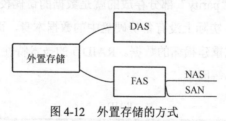

图 4-12 外置存储的方式

1. DAS

DAS 是指将外置的存储设备通过总线接口（SCSI、PCI 接口等）直接连接到一台服务器上进行使用。服务器与数据存储设备通过总线适配器和线缆直接进行连接，因此，数据是经过总线直接传输的，中间不经过任何交换机、路由器及其他网络设备。可以理解为 DAS 就是直接连接到服务器的外部硬盘。

相对于内置存储，DAS 突破了机箱容量和架构对可扩展硬盘数量的限制，同时，将服务器的硬盘集中到 DAS 设备中更方便进行集中维护、管理和扩展。但是 DAS 还存在距离限制及资源共享不便的问题。

2. SAN

SAN 是将存储设备（一般是 RAID，也可以是其他存储装置，如磁带库或者光盘等）

与服务器连接起来的专用网络。相对于传统的内置存储方式，SAN 不仅可以跨平台使用存储设备，还可以对存储设备实现统一管理和容量分配，降低使用和维护的成本，提高存储空间的利用率。

SAN 在生产环境中通常会使用两种方式构建供服务器使用的存储网络，即基于光纤信道（FC）的 FC-SAN 和基于互联网小型计算机系统接口（iSCSI）的 IP-SAN。

FC-SAN 利用光纤通信技术构建专用存储网络，可以有效、可靠地传输大量的数据。FC-SAN 需要一些专用设备的支持，比如需要在服务器上安装光纤网卡，还需要光纤交换机等，因此存在一定的使用成本。

IP-SAN 使用 iSCSI 技术，可以在 IP 的上层运行 SCSI 指令集，因此 IP-SAN 可以使用一般的以太网构建存储网络。针对存储网络需要稳定传输大量数据的特点，一般需要使用专用的 LAN。随着以太网带宽的发展，部署简单、不需要使用专用光纤网络设备的 IP-SAN 成为了成本更低的选择。

3. NAS

按照字面意思理解，NAS 就是在网络上增加一个可访问的存储设备，也可以理解为网络上的专用存储服务器。NAS 与 SAN 相比，它们之间最大的区别在于 NAS 提供的是基于文件的共享存储，而 SAN 提供的是基于块设备的存储。因此，服务器和用户在使用 NAS 时不需要进行格式化和分区等操作，可以直接在 NAS 设备上存取文件。NAS 设备或 NAS 服务器一般通过 TCP/IP、网络文件系统（NFS）或通用网络文件系统（CIFS）这 3 个协议来实现共享文件存储资源。

4. DAS、SAN、NAS 之间的对比

表 4-1 展示的是 DAS、FC-SAN、IP-SAN、NAS 存储方式的对比。

表 4-1　　　　　DAS、FC-SAN、IP-SAN、NAS 存储方式的对比

| | DAS | FC-SAN | IP-SAN | NAS |
|---|---|---|---|---|
| 数据传输速度 | 快 | 快 | 较快 | 较慢 |
| 安全性 | 高 | 高 | 低 | 低 |
| 是否集中管理存储 | 否 | 是 | 是 | 是 |
| 服务器访问存储方式 | 数据块 | 数据块 | 数据块 | 文件 |
| 网络传输协议 | 无 | 互联网光纤信道协议（iFCP） | TCP/IP | TCP/IP |

## 4.3　网络概述

计算机网络利用通信设备和通信线路将处于不同地理位置的具有独立功能的多台计算机及外部设备连接起来，并在统一的网络通信协议的管理和协调下，实现资源的共享和信息的传递。

计算机网络可以按照系统功能的不同、通信实现方式的不同及网络的服务地域范围不同来进行分类，如按照系统功能的不同可以分为客户机/服务器网络和对等网络，按照通信实现方式的不同可以分为双绞线有线网、光纤网、无线网等，按照网络的服务地域范围可以分为 LAN、WAN 和城域网等。不同类型的网络之间进行连接和通信，需要遵守相同的网络通信协议和规范。下面介绍开放系统互连参考模型（OSI-RM）和 TCP/IP 网络模型及以太网。

### 4.3.1 网络模型概述

#### 1. OSI-RM

类型众多的网络会对各个设备之间的互联互通造成困难。为了使不同计算机厂家生产的计算机能够在同一标准下相互通信，以便在更大的范围内建立计算机网络，国际标准化组织（ISO）制定了 OSI-RM。

OSI-RM 按照对应的 OSI 协议簇进行分层，共有 7 层，见表 4-2。

表 4-2　　　　　　　　　　　OSI-RM 各层（从下到上）

| 层级 | 数据形式 | 协议或数据格式 | 层级说明 |
| --- | --- | --- | --- |
| 第 1 层物理层 | 比特流 | IEEE 802.3 协议等 | 定义各设备之间的物理连接特性，如物理数据传输速率、通信距离等。该层传输的数据为 0 和 1 的序列 |
| 第 2 层数据链路层 | 帧 | IEEE 802.2 协议、异步传输方式（ATM）协议、点到点协议（PPP）等 | 通过物理层地址，即介质访问控制（MAC）地址标识来确定数据来自何处及发往何处 |
| 第 3 层网络层 | 组 | IP、互联网分组交换协议（IPX）等 | 定义网络中设备之间的连接和传输路径选择（路由） |
| 第 4 层传输层 | 段 | 用户数据报协议（UDP）、传输控制协议（TCP）等 | 隐藏下层的通信细节并向上层提供数据传输服务 |
| 第 5 层会话层 | 应用数据 | 安全套接字层（SSL）协议等 | 定义逻辑通信线路（会话）从建立到结束的过程 |
| 第 6 层表示层 | 应用数据 | ASCII 编码等 | 定义传输的数据所使用的表现形式，如解码、转换及数据压缩 |
| 第 7 层应用层 | 应用数据 | 超文本传送协议（HTTP）、文件传送协议（FTP）、简单邮件传送协议（SMTP）等 | 定义各类软件和服务的应用协议，如网页使用的 HTTP、电子邮件使用的 SMTP 等 |

#### 2. TCP/IP 网络模型

有了 OSI-RM，所有网络软硬件都围绕着这个模型来设计。但是 OSI-RM 的 7 层结构比较复杂，层数较多，在设计网络系统时比较麻烦，并且，单独划分"表示层""会话层"的意义不是很大，其用途并不像其他层那样明显。因此，在实际应用中还引入了 TCP/IP 网络模型。

TCP/IP 网络模型被分为 4 层，与 OSI-RM 的对应关系见表 4-3。

表 4-3　　　　　　　OSI-RM 与 TCP/IP 网络模型的对应关系

| OSI-RM 各层 | TCP/IP 网络模型各层 |
|---|---|
| 物理层 | 数据链路层 |
| 数据链路层 | |
| 网络层 | 网络层 |
| 传输层 | 传输层 |
| 会话层 | 应用层 |
| 表示层 | |
| 应用层 | |

3. 以太网

在数据链路层上以"帧"的形式发送以太网数据,"帧"的结构如图 4-13 所示。

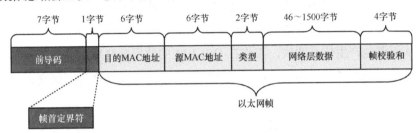

图 4-13　"帧"的结构

① 前导码:用于调整时钟,使目的主机接收器时钟与源主机发送器时钟同步。

② 帧首定界符:标志着以后的数据都是以太网帧的数据,前 6 位是由二进制的 1 和 0 交替组成,最后两位是 11。

③ 目的 MAC 地址:目的地 MAC 地址。

④ 源 MAC 地址:本机发送报文的物理接口的 MAC 地址。

⑤ 类型:用于告知需要使用的解析协议。

⑥ 网络层数据:上层数据,数据链路层不关心上层数据的细节。网络层数据的最小长度必须为 46 字节,以保证一个以太网帧的长度至少为 64 字节;最大长度为 1500 字节。

⑦ 帧校验和:一种错误检测机制,通过计算目的 MAC 地址、源 MAC 地址、类型、网络层数据,得出循环冗余码(CRC)。

以太网帧根据 TCP/IP 网络模型的各层,从下到上依次进行封装,上一层的数据细节对当前层不可见,统称为数据或有效载荷,如图 4-14 所示。

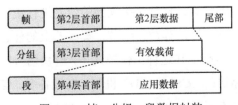

图 4-14　帧、分组、段数据封装

从上述对于 OSI-RM、TCP/IP 网络模型及以太网第 2 层～第 4 层数据格式的介绍可以总结出分层结构模型的优点，具体如下。

① 模型各层的软硬件设计者和工程师在研发时可以把思维限定在当前层，从而减少工作量。

② 当模型有一层发生变化时，不会影响模型其他层。

③ 分层设计成为标准接口，使得不同厂商制造的网络设备可以彼此互联。

④ 对网络进行分层更便于对网络进行理解。

### 4.3.2 交换机概述

交换机也被称作交换式集线器，是一种用于对接入设备的通信信号进行转发的网络设备。传统的共享式集线器的主要作用是对接入设备的信号进行放大，是网络中的基础物理设备。而交换机可以将需要进行通信的设备与交换机内部端口绑定，形成专用的通信线路，从而避免产生信号冲突。工作在 OSI-RM 的数据链路层的交换机被称为二层交换机，既能处理数据链路层协议又能处理网络层协议的交换机称为三层交换机。

1. 集线器

集线器有多个 RJ45 接口模块，被称为端口。集线器的作用就是对多个端口接收到的信号进行中继和放大。使用集线器将网络中的设备连接起来的模型就是星形模型，如图 4-15 所示。

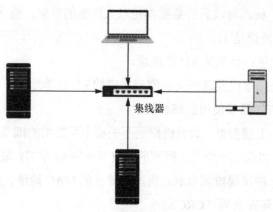

图 4-15 星形模型

使用集线器可以方便地将各台设备统一连接到一个网络中。但是集线器是工作在 OSI-RM 物理层的设备，因此其只负责对接收到的信号进行集中放大、中继处理，不关心源 MAC 地址和目的 MAC 地址等数据细节，集线器上的任意端口接收到的信息均将被转发至所有其他端口（广播）。在这种工作模式下，解决信号间产生的冲突就依赖于带冲突检测的载波监听多路访问（CSMA/CD）机制。在设备多、信号多的情况下很容易产生信号间的冲突，通信效率很低。

## 2. 二层交换机

交换机改进了普通集线器的缺点,将接入的设备与固定的端口绑定,在接收到信号时先读取源 MAC 地址和目的 MAC 地址,然后只将信息发送给拥有目的 MAC 地址设备的端口,从而防止了在各设备间产生信号冲突。由于需要读取源 MAC 地址和目的 MAC 地址信息,因此交换机是一个需要工作在 OSI-RM 数据链路层的设备,也称为二层交换机。

图 4-16 显示的是二层交换机的工作方式,即二层交换机从一个端口接收信息,然后将信息转发给相应的接收端口。二层交换机在内部维护了端口和与端口连接的设备的 MAC 地址的映射表。当服务器 1 向服务器 2 发送信息时,二层交换机会读取数据中的第 2 层首部中的源 MAC 地址和目的 MAC 地址,同时对比其内部的端口映射表,确定将拥有目的 MAC 地址的设备连接在端口 2 后,将信息转发至端口 2。通过这种方式,网络中只有连接端口 2 的服务器 2 接收到目标信息,其余端口不受影响。

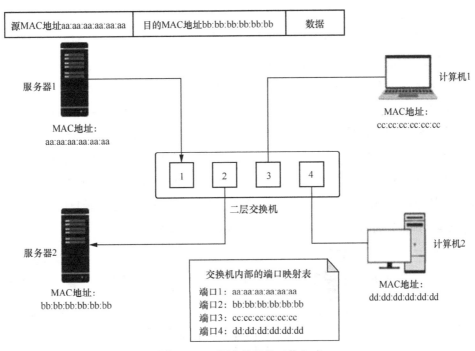

图 4-16 二层交换机的工作方式

通过对接入设备和端口进行绑定,二层交换机减少了同一个网络内数据交换冲突的发生,提升了网络通信效率和安全性。接入设备和端口的绑定依赖于交换机内部的端口映射表,这个表被称为内容可寻址存储器(CAM)表。

管理员可以手动维护 CAM 表的内容,也可以通过二层交换机自动学习来获得。二层交换机的自动学习过程 1 如图 4-17 所示。

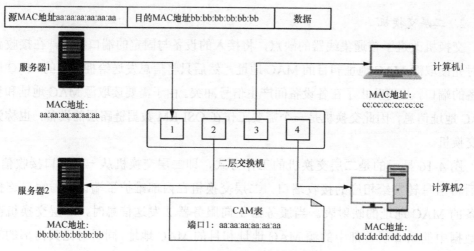

图 4-17　二层交换机的自动学习过程 1

一开始，CAM 表为空，当服务器 1 向服务器 2 发送数据时，二层交换机读取数据的第 2 层首部，其源 MAC 地址是 aa:aa:aa:aa:aa:aa，并且从端口 1 发送信息，因此二层交换机自动在 CAM 表中生成一条端口 1 对应的 MAC 地址为 aa:aa:aa:aa:aa:aa 的记录。数据的目的 MAC 地址是 bb:bb:bb:bb:bb:bb，而在 CAM 表中没有这个 MAC 地址对应的端口，此时二层交换机对信息进行广播，发送给所有端口。

图 4-18 显示的是二层交换机的自动学习过程 2，即服务器 1 发送的数据在被二层交换机广播后，网络内的所有设备都接收到该信息。但计算机 1 和计算机 2 收到信息后，发现其目的 MAC 地址并不是自己的 MAC 地址，便丢弃了该信息，而服务器 2 在收到该信息后确认其目的 MAC 地址是自己的 MAC 地址，便接收该信息并进行回复，此时回复信息的源 MAC 地址是服务器 2 的 MAC 地址 bb:bb:bb:bb:bb:bb，目的 MAC 地址是服务器 1 的地址 aa:aa:aa:aa:aa:aa。二层交换机的端口 2 在接收到这条消息后，确认端口 2 对应的 MAC 地址为 bb:bb:bb:bb:bb:bb，并将该映射写入 CAM 表。

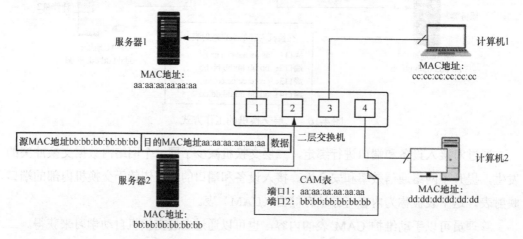

图 4-18　二层交换机的自动学习过程 2

经过网络内各个设备间的多次通信，二层交换机可以学习到各个端口对应的 MAC 地址，从而实现自动维护 CAM 表。

3. 三层交换机

二层交换机能够根据数据报文中的数据链路层信息构建 LAN，但对于不同 LAN 间的通信，就需要能够处理 OSI-RM 中的网络层的设备实况。三层转发一般会使用路由器，但企业级路由器的价格较高，转发性能不如交换机，且一般情况下接口数量较少，因此对于企业内部 LAN 间的通信，可以使用三层交换机。

如图 4-19 所示，在实际使用中，三层交换机通常作为连接企业内各 LAN 的核心交换机，而对互联网的访问仍然是通过路由器进行转发。路由器的三层转发主要依靠路由器 CPU 进行，而三层交换机的三层转发依靠硬件专用集成电路（ASIC）芯片完成，这就决定了三层交换机的转发性能一般优于路由器。但是，路由器并不能被三层交换机替换，因为路由器具备丰富的接口类型、良好的流量服务等级控制、强大的路由能力，这些是三层交换机所缺少的。

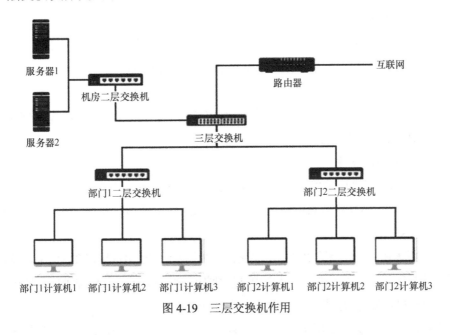

图 4-19　三层交换机作用

### 4.3.3　VLAN 概述

虚拟局域网（VLAN）是将一个物理 LAN 在逻辑上划分为多个独立广播域的技术。一台传统二层交换机上的所有端口和接入设备都处在同一个广播域内。当接入设备数量较多时，大量的地址解析协议（ARP）、动态主机配置协议（DHCP）等需要广播的协议仍然会充斥着网络，此时会对网络通信效率造成影响，同时接入设备也需要丢弃不属于自己的广播信息。因此，在网络设计中，分割广播域是非常重要的。路由器在 IP 层可以有效地分割广播域，而二层网络分割广播域的办法是使用 VLAN。通过 VLAN 可以自由设计广播域，提高网络的自由度。VLAN 规划如图 4-20 所示。

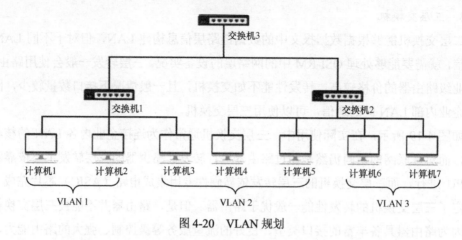

图 4-20　VLAN 规划

VLAN 技术解决了很多传统大型二层网络交换中的问题，具体如下。

（1）限制了广播域

通过 VLAN 对广播域进行划分后，一个 VLAN 中的广播只会影响其所属 VLAN 中的设备，从而解决了广播风暴导致网络交换速率下降的问题。

（2）提升通信安全性

在划分 VLAN 后，广播信息只会在一个 VLAN 中进行发送，该 VLAN 外的设备无法接收 VLAN 内的广播信息，提升了通信安全性。

（3）提高网络鲁棒性

一个 VLAN 出现网络故障只会影响该 VLAN 中的设备，不会影响该 VLAN 以外的设备。因此划分 VLAN 可以将网络故障限制在 VLAN 范围内，从而提高网络的鲁棒性。

### 1. VLAN 原理

想要将原本在一个广播域中进行二层交换的数据帧划分到不同的 VLAN 中，就需要在数据帧中增加所属 VLAN 的信息，从而识别该数据帧属于哪个 VLAN。因此，在使用 VLAN 技术时，交换机需要对数据帧进行处理，为数据帧添加 IEEE 802.1Q 首部信息，从而标记其所属的 VLAN，这个过程被称为加注标签（tagging）。当 tagging 完成后，数据帧的第 2 层首部的源 MAC 地址后会增加 4 字节的 IEEE 802.1Q 首部信息，如图 4-21 所示。

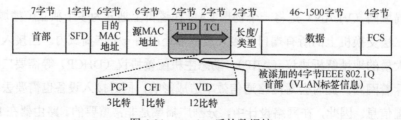

图 4-21　tagging 后的数据帧

① TPID：占 2 字节，值为 0x8100，用于表明该数据帧有一个标签协议标识。
② TCI：占 2 字节，表示标签控制信息，具体包括以下字段。
- PCP：占 3 比特，用于表明数据帧的优先级。最低级为 0，最高级为 7。
- CFI：占 1 比特，当 CFI 为 0 时表示该数据帧使用标准 MAC 地址，当 CFI 为 1 时表明使用非标准 MAC 地址。
- VID：VLAN ID，即 VLAN 标识符，用于标识所属的 VLAN，占 12 比特，因此最多可支持的 VLAN 为 4096 个。

2. VLAN 划分方法

（1）基于端口编号划分 VLAN

根据交换机的端口编号来划分 VLAN。管理员预先指定交换机的每个端口属于哪个 VLAN 标签，当一个数据帧进入交换机时，如果没有带 VLAN 标签，该数据帧就会被打上接口所设定的 VLAN 标签，然后数据帧将在指定的 VLAN 中传输。

（2）基于 MAC 地址划分 VLAN

根据数据帧的源 MAC 地址来划分 VLAN。管理员会预先配置 MAC 地址和 VLAN 标签的映射表，当交换机接收到没有带 VLAN 标签的数据帧时，会根据该数据帧的源 MAC 地址为其添加映射表中的对应 VLAN 标签，然后数据帧将在指定的 VLAN 中传输。

（3）基于子网划分 VLAN

三层交换机可以根据源 IP 地址和子网掩码来划分 VLAN。管理员会预先配置 IP 子网和 VLAN 标签映射表，当交换机接收到没有带 VLAN 标签的数据帧时，会根据数据帧的源 IP 地址所属子网为其添加映射表中的对应 VLAN 标签，然后数据帧将在指定 VLAN 中传输。

3. 链路类型

VLAN 有 Access Link 和 Trunk Link 两种链路类型及对应的接口。

① Access Link 是连接交换机和接入设备的链路。与 Access Link 相对应的是 Access 接口，只能在每个 Access 接口上设置一个 VLAN 标签。

② Trunk Link 是指能够转发多个不同 VLAN 的通信链路，可用于交换机之间的互联，图 4-20 中跨交换机的 VLAN 就是基于 Trunk Link 实现的。Trunk 接口一般用于交换机之间的连接，可以设置允许有一个或多个 VLAN 标签的数据帧跨交换机传输。

### 4.3.4 路由器概述

路由器是用于将数据信息在多个网络之间传送的网络设备。在组网中，连接一个 LAN 中的设备和另外一个 LAN 中的设备就需要使用路由设备。此外，在构建大型 LAN 时，也可以将 LAN 划分为多个小子网，然后使用路由器或三层交换机来组网，减轻当 LAN 中设备过多时，交换机需要维护大量 MAC 地址的负担，缓解频繁广播造成的网络通信压力。

## 1. 路由器工作原理

路由器工作在 OSI-RM 的网络层，因此，路由器主要读取数据报文中的网络层首部信息，根据其中的源 IP 地址和目的 IP 地址所在的子网对比路由表中的路由信息并对信息进行转发，从而实现跨网络的信息传输。图 4-22 显示的是跨 LAN 通信，即两个属于不同 LAN 的设备通过路由器进行通信。

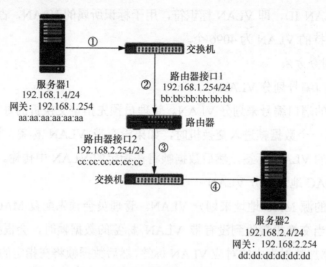

图 4-22　跨 LAN 通信

在图 4-22 中，来自 192.168.1.4/24 网段的服务器 1 将一个数据报文发送到位于 192.168.2.4/24 网段的服务器 2，具体过程如下。

① 服务器 1 将一个数据报文发送给服务器 2，因此目标 IP 地址是服务器 2 的 IP 地址，即 192.168.2.4。通过将本机源 IP 地址、目的 IP 地址与 24 位掩码进行与运算，得出目的地址和本机不在一个网络内，因此需要将数据报文发送给网关。而服务器 1 的网关 192.168.1.254 是路由器接口 1，服务器 1 通过 ARP 广播获得网关的 MAC 地址。此时服务器 1 发出的数据报文的第 3 层首部源 IP 地址是本机 IP 地址，目的 IP 地址是服务器 2 的 IP 地址；第 2 层首部的源 MAC 地址是本机的 MAC 地址，即 aa:aa:aa:aa:aa:aa，而目的 MAC 地址是网关的 MAC 地址，即 bb:bb:bb:bb:bb:bb，此时数据报文的结构如图 4-23 所示。

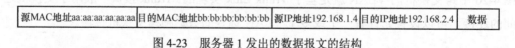

图 4-23　服务器 1 发出的数据报文的结构

② 数据报文的 MAC 地址为路由器接口 1 的 MAC 地址，因此交换机会将数据报文发送至路由器接口 1。路由器内部有自 192.168.1.0/24 网段到 192.168.2.0/24 网段的路由表，见表 4-4。数据报文的目标 IP 地址是 192.168.2.4，符合路由表中的第 4 条，因此数据报文应该从路由器接口 2 发出。

表 4-4　　　　　　　　　　　　　　　路由表

| 地址 | 下一跳 IP 地址 | 接口 |
|---|---|---|
| 192.168.1.254/32 |  | 1 |
| 192.168.1.0/24 |  | 1 |
| 192.168.2.254/32 |  | 2 |
| 192.168.2.0/24 |  | 2 |

③ 路由器在路由器接口 2 发起 ARP 广播，从而获得目标 IP 地址 192.168.2.4 对应的 MAC 地址 dd:dd:dd:dd:dd:dd，然后修改数据报文中第 2 层首部的源 MAC 地址为路由器接口 2 的 MAC 地址，目的 MAC 地址为服务器 2 的 MAC 地址，此时数据报文的结构如图 4-24 所示。

| 源MAC地址cc:cc:cc:cc:cc:cc | 目的MAC地址dd:dd:dd:dd:dd:dd | 源IP地址192.168.1.4 | 目的IP地址192.168.2.4 | 数据 |
|---|---|---|---|---|

图 4-24　路由器接口 2 发出的数据报文的结构

④ 通过交换机，服务器 2 收到服务器 1 发送的数据报文。在整个通信过程中，源 IP 地址和目的 IP 地址没有发生变化，路由器会根据路由表选择合适的接口转发数据并修改 MAC 地址。

2. 路由表

路由表保存了网络前缀信息、下一跳 IP 地址、出接口、度量值和开销值等内容，路由表决定了路由器转发信息的方式。路由表主要被分为以下 4 种类型。

（1）直连路由

直连路由是指路由器的接口直接连接子网的路由。直连路由是由链路层协议发现而自动生成的。

（2）静态路由

静态路由由管理员手动配置、维护路由项。静态路由不会自动发生变化，因此当网络状况发生改变时，需要管理员手动更改路由表。

（3）默认路由

默认路由是没有在路由表中找到匹配的路由表项时才使用的路由。如果报文的目的地址不能与路由表中的任何目的地址相匹配，那么该报文将选取默认路由进行转发。如果没有默认路由且报文的目的地址不在路由表中，那么该报文将被丢弃，并向源端返回一个互联网控制报文协议（ICMP）报文，报告该目的地址或网络不可达。

（4）动态路由

动态路由与静态路由相对，是指路由器可以自动建立和维护路由表中的路由项，动态路由协议有自己的路由算法，能够自动适应网络拓扑的变化并且根据网络状况的改变自动地进行路由表的调整。

## 4.4 负载均衡概述

一台服务器的性能再好,其服务能力也有上限。随着互联网和企业业务的发展,单台服务器往往无法快速响应大量的并发请求,导致用户体验差,为企业带来损失。负载均衡技术的出现使企业可以通过横向扩展的方式解决大量并发请求下的即时响应问题。

负载均衡有一个或多个虚拟 IP 地址,虚拟 IP 地址对应客户端能够访问的 IP 地址,通过网络地址转换(NAT)功能转发到服务器集群内部的服务器 IP 地址和端口中。一个内部的服务器 IP 地址和端口组成一个节点,多个节点组成地址池,则一个虚拟 IP 地址和端口对应一个地址池,一个地址池对应多个节点,从而实现将用户请求分发到多台设备进行处理,增强了服务器对用户请求的响应能力,提高了架构的灵活性和可用性。

1. 负载均衡实现方式

(1)软件负载均衡

使用服务器作为负载均衡设备,通过软件负载均衡,即在服务器上安装负载均衡软件使服务器具有负载均衡能力,如图 4-25 所示。

图 4-25 软件负载均衡

常用的负载均衡软件有 nginx、LVS 等。其中 nginx 能够工作在 OSI-RM 的应用层,因此,可以根据网站的访问页面、路径等应用规则来配置负载均衡。而 LVS 工作在 OSI-RM 的网络层,LVS 只能针对 IP 地址和端口等协议来配置负载均衡,不能根据应用层的具体业务来配置负载均衡规则,但 LVS 能直接集成到 Linux 的内核模块中,拥有较好的性能,因此在使用软件负载均衡时,要根据实际的业务情况选择合适的负载均衡软件。

(2)硬件负载均衡

硬件负载均衡是指使用专门的负载均衡硬件来进行请求分发,如图 4-26 所示。

常见的负载均衡硬件(如 F5 等)拥有很好的性能,能够处理几十万甚至百万级请求的并发,一般用于大型企业的 IT 架构中。负载均衡硬件需要采购专门的硬件设备,实现成本较高。

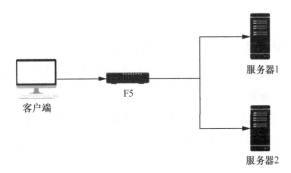

图 4-26 硬件负载均衡

（3）网络负载均衡

网络负载均衡没有专门的负载均衡设备，通过在各台服务器上安装网络负载均衡软件来实现负载均衡，如微软的网络负载均衡。客户端请求直接发送到各台网络负载均衡服务器上，然后网络负载均衡服务器通过算法和协商选出一台服务器响应请求，如图4-27所示。

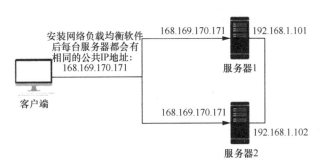

图 4-27 网络负载均衡

在安装网络负载均衡软件并加入网络负载均衡集群后，每台服务器都会接收到对于网络负载均衡配置的公共 IP 地址的访问，然后再根据策略由其中一台服务器响应。网络负载均衡的优点是容易扩展，同时可以感知服务器状态，当一台服务器不可用时，服务请求可以由另一台服务器进行响应，从而实现高可用性。

（4）广域网负载均衡

广域网负载均衡一般通过智能内容分发网络（CDN）实现，比如根据访问用户的不同 IP 地址，将服务请求分发给位于不同地理位置的服务器或数据中心，从而优化用户访问的网络路径，提高网络通信效率。

2. 负载均衡算法

负载均衡设备在对服务请求进行转发时有各种规则，这些规则就是负载均衡算法。负载均衡算法可被分为静态负载均衡算法和动态负载均衡算法两类，常见的负载均衡算法如下。

（1）静态负载均衡算法

① 轮询：根据请求顺序，依次将服务请求分发到各台服务器，适合各台服务器性

能相当的情况。

② 加权轮询:为每台服务器设定一个权重值,根据权重值把请求转发到各台服务器。性能好的服务器可以设定较高的权重,从而让更多的服务请求被分发到高性能的服务器上。该算法适合各台服务器性能不一的情况。

③ 源地址哈希:根据访问用户的 IP 地址将服务请求分发到某一台服务器上。这样的好处是一个用户会被固定分配到一台服务器上。该算法适合需要在客户端和服务器上维护固定会话的情况。

(2) 动态负载均衡算法

① 最少连接:将下一次服务请求分发到当前连接最少的服务器上。

② 最快响应:将下一次服务请求分发到服务响应最快的服务器上。

③ 动态性能分配:根据收集到的应用程序和应用服务器的各项性能参数,动态调整服务请求的分配情况。

④ 预测模式:利用收集到的服务器当前的性能参数进行预测分析,选择下一个时间片内对服务请求响应最快的服务器。

# 习 题

1. 简述 SAN 和 NAS 之间的区别。
2. 简述二层交换机的原理。
3. 简述 VLAN 的作用和原理。

# 第5章
# 计算虚拟化

5.1 计算虚拟化概述
5.2 计算虚拟化的实现方式
5.3 计算虚拟化的典型产品
习题

虚拟化技术是云计算的根基。虚拟化技术是在一个硬件平台上对不同的硬件进行虚拟化，从而可以在一台服务器上划分出多个独立虚拟环境的技术。云计算通过定义规则来组织硬件资源池的使用和释放，即对硬件资源池进行管理。云计算关心的是如何有效地分配和调度资源，虚拟化关心的是怎样高效地模拟虚拟环境。

随着云计算的不断发展及用户需求的变化，虚拟化技术从过去对整个硬件运行环境进行虚拟化演进到对软件运行环境进行虚拟化（容器虚拟化）。未来，容器虚拟化将彻底改变云计算的生态及软件的开发和运维方式。

## 5.1 计算虚拟化概述

虚拟化技术主要用于满足在同一台计算机上运行多个独立操作系统或构建多个软件运行环境的需求。虚拟化技术能使用户在同一台服务器上同时运行多个独立操作系统，这与"多重任务处理"技术有些类似。不过"多重任务处理"技术只允许用户在同一台设备的同一个操作系统上运行多个程序，而虚拟化技术则允许用户在同一台设备中运行多个操作系统。通过虚拟化技术，用户能更灵活、高效地使用计算机资源，并且彼此隔离的运行环境有助于提高安全性。

在20世纪60年代，IBM公司已经开始在大型机系统使用虚拟化技术，它们采用专门的硬件和软件，以多用户和多进程的方式来实现硬件资源共享。虚拟化技术来源于大型机，但随着计算机性能的提升和市场激烈竞争带来的新需求，虚拟化技术开始走出大型机，向小型机和UNIX服务器移植。

1. 虚拟化类型

1974年,杰拉尔德·J·波佩克和罗伯特·P·戈德堡在论文《可虚拟第三代架构的规范化条件》中提出用于管理和实现虚拟化系统的控制程序 VMM 及实现虚拟化系统的3个基本条件。3个基本条件如下。

(1) 资源控制

控制程序必须能够管理所有的虚拟化系统资源。

(2) 等价性

在控制程序管理下运行的程序(包括操作系统),除了时序和资源可用性,其他行为应该与没有控制程序时的完全一致,且可以自由地执行预先编写的特权指令。

(3) 高效率

大多数的客户机指令应该由主机硬件直接执行而不需要控制程序的参与。

上述基本条件为一个计算机系统是否能够实现虚拟化提供了判断标准。该论文还提出了两种虚拟化类型,分别是裸金属虚拟化和寄居虚拟化。这两种类型为设计可虚拟化的计算机软硬件提供了指导原则。

(1) 裸金属虚拟化

图 5-1 显示的是裸金属虚拟化的结构。裸金属虚拟化直接在物理硬件上安装部署 VMM,而不安装操作系统。上层的虚拟机的客户机操作系统看到的是 VMM,因此可以认为客户机操作系统的功能和宿主机操作系统的功能基本相同。在宿主机硬件指令集架构和客户机操作系统的指令集架构相同时,客户机操作系统的大部分指令是可以通过直接调用 CPU 来执行的,只有需要虚拟化的指令才会由 VMM 来进行处理。

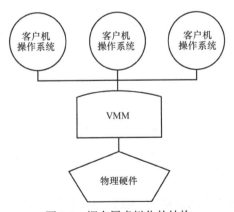

图 5-1 裸金属虚拟化的结构

裸金属虚拟化免除了在物理硬件上安装宿主机操作系统,因此缩短了虚拟机与物理硬件之间的路径,从而减少了应用程序的响应时间,改善了虚拟机的性能。裸金属虚拟化的缺点是 VMM 直接面向硬件,开发难度较大。

裸金属虚拟化的主要产品有 VMware vSphere、Citrix XenServer 等。

（2）寄居虚拟化

图 5-2 显示的是寄居虚拟化的结构。从图 5-2 可以看出，VMM 和其他应用程序一样运行在宿主机操作系统之上。相对于裸金属虚拟化，采用寄居虚拟化的 VMM 需要运行在宿主机操作系统之上，因此上层的虚拟机访问物理硬件资源的路径更长，因此性能一般差于裸金属虚拟化。

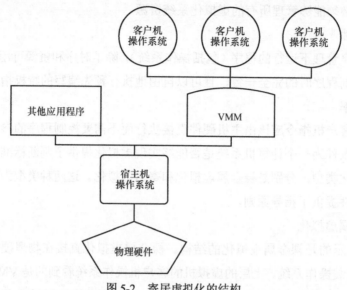

图 5-2　寄居虚拟化的结构

寄居虚拟化的优点是 VMM 的开发相对简单，主要产品有 VMware Workstation、VirtualBox 等。

除了上述两种虚拟化类型，随着虚拟化技术的发展及人们对跨平台和隔离软件运行环境的需求越来越强，还发展出了两种基于软件层面的虚拟化类型，即函数虚拟化和操作系统虚拟化。

（3）函数虚拟化

裸金属虚拟化或寄居虚拟化主要用于解决在一套硬件环境中运行不同的操作系统，函数虚拟化主要用于解决软件跨操作系统的运行问题。现代操作系统会采用将操作系统的功能封装为库函数的方式供上层应用程序调用，从而使上层应用程序的开发者不用关注底层硬件细节，程序的编写更简单、高效。虽然上层应用程序并不关心底层的硬件，但却和特定操作系统的函数库联系密切。如 Linux 操作系统的函数库和 Windows 操作系统的函数库是完全不一样的，如果是针对 Windows 操作系统开发的应用程序，是不能在 Linux 操作系统上运行的。但通过函数虚拟化，可以在 Linux 操作系统上虚拟一套 Windows 操作系统的函数库，从而使 Windows 操作系统的应用程序能够在 Linux 操作系统上运行，wine 就是通过函数虚拟化，在 Linux 操作系统中支持 Windows 操作系统的应用程序的执行，而 Cygwin 则是在 Windows 操作系统中支持 Linux 操作系统的应用程序的执行。

（4）操作系统虚拟化

1979 年，UNIX 在第 7 个版本中引入了 Chroot 机制。Chroot 机制可以让一个进程把指定的目录作为根目录，该进程的所有文件操作都只能在这个根目录下进行。Chroot 机制使进程可以有不同于操作系统的根目录，并且可以让每个进程有各自独立的根目录。Chroot 机制的引入标志着操作系统虚拟化技术的诞生。

操作系统虚拟化是指宿主机操作系统的内核提供多个相互隔离的实例。这些实例并不是虚拟机，而是进程。进程通过宿主机操作系统内核的隔离功能来实现独立运行，如在 Linux 操作系统上通过 Namespace 机制和 Chroot 机制等让进程拥有自己独立的文件系统、网络、系统设置、函数库等，通过 Cgroup 机制对每个进程可用资源进行分配，从而使进程运行在类似于虚拟机的"容器"环境中。操作系统虚拟化的主要产品有 Docker、LXC 等。

以 Docker 为例，其与传统虚拟机的对比如图 5-3 所示。操作系统虚拟化并没有客户机操作系统，每个"容器"中的进程和宿主机操作系统使用同一个操作系统内核，因此操作系统虚拟化的开销比传统虚拟化的开销小。但是缺点是共用操作系统内核使隔离性不强，如果"容器"被攻击，攻击可能会传播到宿主机操作系统和其他容器中，安全性不如传统虚拟化。同时由于共用操作系统内核，因此"容器"中的操作系统必须和宿主机操作系统相同。

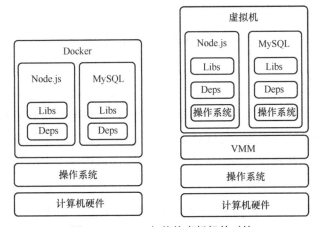

图 5-3 Docker 与传统虚拟机的对比

2. x86 的虚拟化

x86 架构成本比大型机/小型机的专用硬件低很多。x86 架构的 CPU 性能提升可以满足中小型企业的应用需求，因此很多中小型企业开始采购大量的 x86 架构服务器来部署业务。但是英特尔公司在设计 x86 架构之初没有考虑支持虚拟化技术，而它本身的结构和复杂性使得在其之上进行虚拟化非常困难，所以早期的 x86 架构并没有成为虚拟化技术的受益者。x86 服务器和桌面部署增多带来了新的难题，具体如下：

① IT 基础架构建设成本高、利用率低；

② IT 运维成本高；

③ 故障切换资源和灾备体系建设不足；

④ 用户桌面维护成本高。

为了解决这些难题，虚拟化技术向 x86 架构进军。1987 年，Insignia Solutions 推出 SoftPC 软件模拟器，这个模拟器允许用户在 UNIX Workstations 上运行磁盘操作系统（DOS）应用。在当时，一台可以运行 Microsoft DOS 的计算机价格约为 1500 美元，而使用 SoftPC 软件模拟器就可以直接在大型工作站上运行 Microsoft DOS。1999 年，VMware 公司针对 x86 架构推出了可以流畅运行的商业虚拟化软件 VMware Workstation。2001 年，法布里斯·贝拉德发布了采用动态二进制翻译技术以 GNU 通用公共许可证（GPL）分发源码的模拟处理器软件 QEMU。这种支持多个架构的模拟处理器软件成为了十分流行的虚拟化实现软件。

3. 虚拟化技术存在的问题

虚拟化技术的应用越来越广泛，但仍然有以下问题。

① 虚拟化是对资源进行分配，如果虚拟机过多，可能会发生争抢物理资源的问题。

② 使用 VMM 可能导致上层系统应用出错率高，从而导致故障排查困难。

③ 某台物理服务器死机会影响到其上所有虚拟机的使用。

## 5.2 计算虚拟化的实现方式

虚拟化的实质是对硬件资源进行逻辑划分，从而形成为上层应用程序服务的硬件资源池。以常见的裸金属虚拟化和寄居虚拟化为例，计算虚拟化具有隔离、封装、各虚拟机之间硬件独立等特征。因此，完成计算虚拟化需要对计算机中拥有"计算"能力的硬件进行虚拟化并使这些硬件成为能够被虚拟机所使用的资源。

现代计算机的硬件主要被分为 3 部分，拥有"计算"能力的 CPU（包括运算器和控制器）、内存（存储器）、I/O 设备（输入设备和输出设备）。想要实现虚拟化，首先需要对上述 3 种硬件进行虚拟化。

### 5.2.1 CPU 虚拟化

了解 CPU 虚拟化需要先了解 CPU 的基础结构。

1. x86 架构中的 CPU

x86 架构中的 CPU 为了保证执行用户指令的安全性，保证多用户、多应用程序的独立性及系统运行的稳定性，使用了执行状态的概念，即 CPU 在工作时被分为用户态和内核态，而 x86 架构的 CPU 更是被细分为 Ring 0、Ring 1、Ring 2、Ring 3 这 4 种执行状态，如图 5-4 所示。

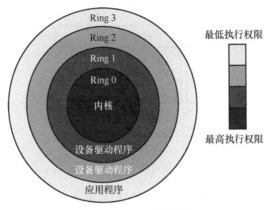

图 5-4  CPU 执行状态

　　Ring 0 拥有最高执行权限，运行在 Ring 0 的指令可以无限制地对系统内存、网卡接口、显卡接口、磁盘等硬件设备及其驱动程序进行访问。直接管理硬件的操作系统内核需要运行在 Ring 0 上，因此 Ring 0 也被称为内核态。

　　Ring 1 和 Ring 2 用于操作系统服务。操作系统之上的应用程序运行在拥有低执行权限的 Ring 3 上。Ring 3 也被称为用户态。运行在 Ring 3 上的代码和指令需要接受 CPU 的检查，如应用程序在 Ring 3 上只能访问内存页中规定能被用户态程序代码访问的页面虚拟地址（受限的内存访问）和 I/O 许可位图中规定能被用户态程序代码访问的端口，不能直接访问外围硬件设备、不能抢占 CPU。对用户态的应用程序执行指令权限的严格限制，才能保证所有的硬件设备都被操作系统管理而不被某个普通应用程序随意访问和修改，从而使系统能够在多应用程序运行的环境下稳定运行。

　　当 Ring 3 的进程需要执行特权指令，如修改磁盘上的文件或通过网卡接口发送数据报文，用户态的应用程序可以通过调用操作系统的库函数 API 来发起系统调用。在成功执行系统调用后，用户态的应用程序会中断并保存当前执行状态，CPU 的运行级别会从 Ring 3 切换到 Ring 0，此时 CPU 会跳转到系统调用对应的内核代码位置处，这个过程就是用户态到内核态的切换。完成对应的内核代码执行后，系统再从 Ring 0 切换回 Ring 3，并将执行结果返回给用户态的应用程序，然后应用程序将之前的保存状态恢复到 Ring 3 上继续执行。

　　图 5-5 显示的是一段 C 语言程序发起系统调用的过程。C 语言程序运行在用户态。程序在运行过程中，执行了 C 语言程序库的 printf() 函数。而 printf() 函数包含 write() 系统调用，在执行 write() 系统调用时系统会切换到内核态，将字符串打印到控制台，然后返回调用结果。

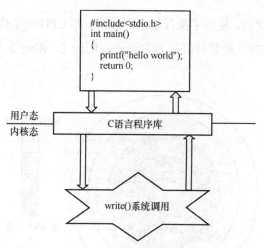

图 5-5　一段 C 语言程序发起系统调用的过程

操作系统中所有的应用程序都应该运行在用户态中。当应用程序需要访问外围硬件时，会通过特定的接口去调用内核态的应用程序代码，以这种旁路的方式来完成对硬件设备的调用。如果用户态的应用程序直接调用硬件设备，会被操作系统捕捉到，并触发异常。在引入虚拟化技术后，这个机制就会产生问题。宿主机操作系统或 VMM 可以运行内核态的特权指令，但虚拟机却只能运行在用户态。虚拟机上的客户机操作系统也有自己的用户态和内核态，当它切换到内核态执行硬件访问指令时，实际上它并不是运行在物理 CPU 的 Ring 0 上，因此就会产生错误。在 CPU 虚拟化技术中，有 3 种方式来解决这个问题，分别为全虚拟化、半虚拟化及硬件辅助虚拟化。

**2. 全虚拟化**

全虚拟化，顾名思义就是指虚拟机所使用的硬件平台全部通过模拟实现，包括处理器、物理内存及各种外部设备等，如图 5-6 所示。每个客户机操作系统在运行时使用的硬件就是一套完整的虚拟硬件。当客户机操作系统执行特权指令时，会在虚拟 CPU 的 Ring 0 上进行。对于客户机操作系统来说，它并不知道自己运行在虚拟机中，它看到的虚拟硬件和真实的硬件没有区别。因此全虚拟化并不需要对客户机操作系统进行任何修改。但从 VMM 的角度来看，客户机操作系统会降级运行在 Ring 1 上，当客户机操作系统执行需要在 Ring 0 上执行的特权指令时，便会产生异常。此时需要由 VMM 捕获异常。VMM 会将客户机操作系统的指令通过二进制翻译的方式转换为 VMM 中具有相同功能的指令，再进行模拟执行。这个过程被称为捕获—模拟。

全虚拟化需要 VMM 频繁地进行捕获—模拟及二进制翻译，导致虚拟机的运行效率低。同时，全虚拟化需要在 VMM 中模拟包含了控制单元、运算单元、存储单元、指令集的 CPU，还需要模拟一张存放虚拟存储地址和物理存储地址转换的页表。因此，全虚拟化的软件实现开发难度很高。比较熟悉的全虚拟化产品有 Microsoft Virtual PC、VMware Workstation、Virtual Box、Parallels Desktop for Mac 和 QEMU 等。

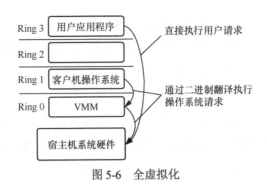

图 5-6 全虚拟化

### 3. 半虚拟化

半虚拟化的 VMM 需要为上层的客户机操作系统提供一些特定的接口，这些接口类似于操作系统的系统调用接口，被称为 HyperCall，上层的客户机操作系统通过调用 VMM 的 HyperCall 来执行特权指令。同时，半虚拟化还需要对客户机操作系统进行修改，将客户机操作系统中在虚拟机环境下执行会产生错误的系统调用修改为 VMM 的 HyperCall。半虚拟化如图 5-7 所示。

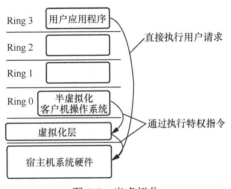

图 5-7 半虚拟化

半虚拟化相对于全虚拟化而言，在特权指令的执行上更加直接，因此虚拟机的运行效率得到了较大程度的提升。但半虚拟化需要对客户机操作系统进行修改，因此只能支持有限的操作系统（如有的 Linux 操作系统发行版没有相应的支持，或者闭源无法修改的 Windows 操作系统无法在半虚拟化的基础上使用），可以应用的场景相对受限。半虚拟化的代表产品有 Xen 等。

### 4. 硬件辅助虚拟化

全虚拟化需要较大的系统开销以捕获异常、进行指令翻译并模拟整个 CPU 的行为，因此虚拟机的运行性能低下。而半虚拟化的方式只能运行修改后的定制版客户机操作系统，在使用上有明显的局限性。以上两种方式从本质上就是通过各种软件去解决 x86 架构 CPU 虚拟化的问题。随着 x86 架构服务器的逐步推广和普及，对于 x86 架构的 CPU 虚拟化需求变得愈发强烈。最终，英特尔和 AMD 两大 x86 架构的 CPU 制造商都推出了硬件级的虚拟化解决方案，即 Intel VT 和 AMD-V。

以 Intel VT 为例，在 CPU 中增加了两种操作模式，即根操作模式和非根操作模式。两种模式都有 Ring 0、Ring 1、Ring 2、Ring 3 这 4 种执行状态。硬件辅助虚拟化如图 5-8 所示，在开启 Intel VT 功能后，VMM 运行在根操作模式下，而客户机操作系统运行在非根操作模式下，这样 VMM 和客户机操作系统都能够以自己期待的执行状态运行。这两种操作模式可以互相切换，运行在根操作模式下的 VMM 通过调用 VMLAUNCH 或 VMRESUME 指令切换到非根操作模式，此时 CPU 会自动加载客户机操作系统的上下文，客户机操作系统开始运行，这种转换被称为 VM Entry。而当客户机操作系统在运行过程中遇到需要 VMM 处理的情况时，则可以通过调用 VMCALL 指令调用 VMM，就像发起系统调用一样。此时客户机操作系统会挂起，CPU 切换到根操作模式，恢复 VMM 的运行，这种转换被称为 VM Exit。

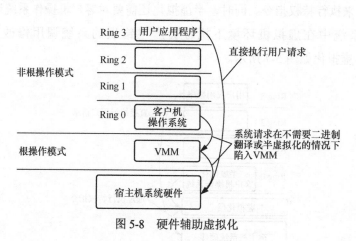

图 5-8 硬件辅助虚拟化

硬件辅助虚拟化能让客户机操作系统以接近物理机的性能来运行，同时不需要对客户机操作系统进行特定的修改，但由于需要 CPU 硬件层面的支持，因此想要使用硬件辅助虚拟化需要选购支持硬件辅助虚拟化技术的 CPU。

当前的 x86 架构的 CPU 服务器几乎都支持硬件辅助虚拟化技术，在使用时只需要开启 CPU 的相应功能即可。硬件辅助虚拟化的代表产品是 KVM 等。

### 5.2.2 内存虚拟化

在虚拟化技术出现之前，对内存的管理就已经有了虚拟内存的概念，以便解决操作系统中的内存利用率低、内存数据隔离性等问题，并且还有专门的硬件来处理虚拟地址和物理地址之间的相互转换，即存储管理部件（MMU）。

运行在操作系统之上的进程所使用和看到的虚拟地址是连续的，而真正用于存储数据的物理地址是非线性的。通过 MMU 转换虚拟地址和物理地址的过程如图 5-9 所示。

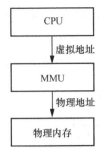

图 5-9　通过 MMU 转换虚拟地址和物理地址的过程

在一台地址总线为 16 位的计算机上,一个应用程序的虚拟地址和物理地址之间的映射关系如图 5-10 所示。

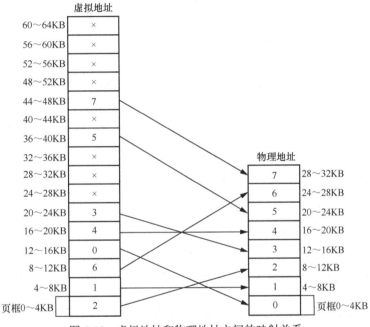

图 5-10　虚拟地址和物理地址之间的映射关系

在图 5-10 中,这台支持 16 位地址的计算机,它的虚拟地址范围是 0x0000~0xFFFF,即虚拟地址为 64KB,页框大小为 4KB,而这台计算机可用的物理地址是 32KB。由于使用了虚拟内存技术,这台计算机可以运行 64KB 的应用程序。虚拟地址中的连续页框是通过页框索引对应到物理地址中的非连续页框上的,因此应用程序在使用虚拟页框中最下方的第一个页框的数据时,实际上是从物理地址的 2 号页框中读取数据。而当应用程序需要使用虚拟地址中的第 8 个页框的数据时,这部分数据还没加载到实际的物理地址中(页框索引为×),因此会产生一个缺页故障,此时操作系统需要将在物理地址当前加载的页框中使用较少的一页先写入外围存储设备中(如硬盘),然后将程序需要的虚拟地址中的第 8 个页框的数据加载到物理地址中并建立相应的映射关系。

在引入虚拟机的情况下，客户机操作系统也会有自己的虚拟地址和物理地址。而在 VMM 看来，虚拟机或者客户机操作系统本身就是一个进程，使用的仍然是虚拟地址。因此客户机操作系统上的地址需要经历两次转换，如图 5-11 所示。

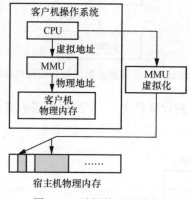

图 5-11　地址的两次转换

首先，客户机操作系统的虚拟地址要转换为客户机操作系统的物理地址。然后虚拟机的物理地址还需要转换为实际的机器地址（MA）。

可见在引入虚拟化后，地址需要进行两次转换，而传统的 MMU 只能进行一次转换，且通过 VMM 进行两次转换速度较慢。对于这个问题，有 3 种解决方式，即内存全虚拟化方式、内存半虚拟化方式和内存硬件辅助虚拟化方式。

1. 内存全虚拟化方式

全虚拟化方式也被称为影子页表虚拟化，如图 5-12 所示。虚拟地址与物理地址之间的映射关系被称为页表。VMM 为每个虚拟机生成一张影子页表并加载到 MMU 中，在这张影子页表中维护了虚拟机虚拟地址（VA）与 MA 间的相互转换关系。

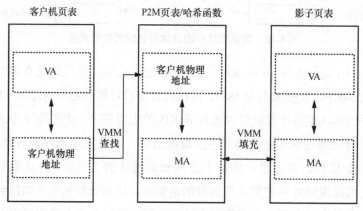

图 5-12　影子页表虚拟化

当 VMM 捕获到客户机页表的修改后，会查找负责客户机物理地址与 MA 间的映射的 P2M 页表或者哈希函数，找到与该客户机物理地址相对应的 MA，再将 MA 填充到影子页表中，从而形成 VA 与 MA 之间的映射关系。

在初始化时，影子页表为空，每次虚拟机对内存的使用都需要通过二次转换来建立 VA 和 MA 之间的映射关系，这个过程较慢。一旦建立了 VA 和 MA 之间的映射关系，如果 VA 与客户机物理地址之间的映射关系不变，那么影子页表与 MA 之间的映射关系也是不变的，这样就不再需要进行二次转化即可完成 VA 到 MA 的寻址。因此，虽然使用影子页表并不能杜绝二次转换，但是可以提升寻址效率，从而提高虚拟机内存访问的性能。

使用影子页表虽然在一定程度提升了性能且不用修改客户机操作系统，但会增加系统开销，因为 VMM 需要为每一台虚拟机维护一个影子页表。

2. 内存半虚拟化方式

半虚拟化是将 VA 和 MA 之间的映射关系通过 VMM 直接写入虚拟机的 MMU 中。内存页表是由 VMM 而不是由客户机操作系统来维护，因此，在使用内存半虚拟化时，首先需要修改客户机操作系统的内存管理方式，禁止客户机操作系统对自己的页表的修改操作。当客户机操作系统创建了一个新的页表时，会向 VMM 注册该页表，客户机操作系统对该页表的任何写操作都会陷入 VMM，VMM 会检查页表中的每一项，确保它们只映射了属于该客户机操作系统的 MA。之后 VMM 会根据自己所维护的映射关系，将页表中的客户机物理地址转换为相应的 MA，再把修改过的页表载入 MMU，MMU 就可以根据修改过的页表直接完成自客户机操作系统 VA 到 MA 的转换。

半虚拟化的优点是虚拟机内存页表由 VMM 直接维护，因此访问速度较快；缺点是需要修改客户机操作系统的内核。

3. 内存硬件辅助虚拟化方式

内存硬件辅助虚拟化是通过 CPU 本身的支持来完成 VA 到 MA 的转换的。以 Intel VT 技术中的扩充页表（EPT）为例，在虚拟机初始化时，VMM 会把虚拟机物理地址和 MA 之间的映射关系的 EPT 写入 CPU，在以后虚拟机使用内存时，CPU 通过自动查找 EPT 来完成客户机操作系统地址到 MA 的转换，如图 5-13 所示。

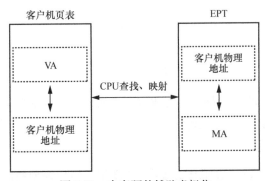

图 5-13　内存硬件辅助虚拟化

内存硬件辅助虚拟化的优点是内存访问性能较好，且地址转换过程不需要 VMM 的参与，系统开销小；缺点是需要采购支持内存硬件辅助虚拟化技术的 CPU。

### 5.2.3 I/O 虚拟化

I/O 设备指计算机体系结构中的输入设备、输出设备，包括硬盘这样的外部存储块设备，键盘、打印机等用于人机交互的字符设备及网卡这样的网络通信设备。一台物理机上的 I/O 设备往往是仅供这台设备使用的，如连接一个键盘。在引入虚拟化技术后，一台物理机上会运行多台虚拟机，因此必须要对 I/O 设备进行虚拟化，从而将有限的设备资源提供给多台虚拟机使用。对 I/O 设备进行虚拟化有以下几种方式。

1. I/O 全虚拟化

I/O 全虚拟化是指 VMM 通过软件的方式模拟 I/O 设备并且将模拟的 I/O 设备提供给虚拟机使用，如图 5-14 所示。以通过 QEMU 模拟 I/O 设备为例，当客户机操作系统需要进行 I/O 操作时，客户机操作系统的驱动程序会发出请求，而请求会被 VMM 截获，VMM 将 I/O 请求信息放至 I/O 共享页，QEMU 从 I/O 共享页中读取请求信息并通过硬件模拟代码模拟出本次的 I/O 操作，然后调用内核中的本地驱动把 I/O 请求发送至物理硬件处，在完成之后将结果返回至 I/O 共享页中。VMM 捕获到 I/O 共享页中的执行结果并把结果返回给客户机操作系统。

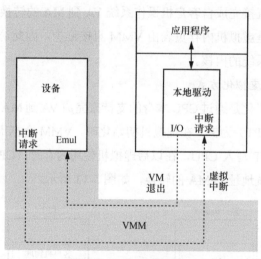

图 5-14 I/O 全虚拟化

采用 I/O 全虚拟化的优点是不用修改客户机操作系统中的驱动程序，但由于通过纯软件方式模拟 I/O 设备，因此性能较低。

2. I/O 半虚拟化

图 5-15 显示的是 I/O 半虚拟化的过程。I/O 半虚拟化需要将虚拟机的硬件驱动过程划分为前端驱动和后端驱动。和 CPU、内存的半虚拟化一样，I/O 半虚拟化需要对客户机操作系统进行修改，将硬件驱动程序改为前端驱动，同时在 VMM 上配置对应的后端

驱动并提供调用接口 HyperCall。客户机操作系统上的应用程序在发起 I/O 请求时，前端驱动会对 VMM 发起 HyperCall，然后由后端驱动完成实际的 I/O 控制。

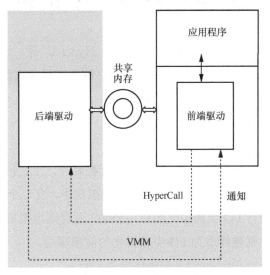

图 5-15　I/O 半虚拟化的过程

I/O 半虚拟化的优点是基于事务的通信机制速度很快，性能较好；缺点是需要 VMM 实现前后端驱动并且要修改客户机操作系统内核，开发难度较大。

3. I/O 透传

如图 5-16 所示，I/O 透传就是 VMM 将一个物理设备，如网卡、硬盘、USB 接口等直接指定给一个虚拟机使用。在这种方式下，虚拟机上的应用程序通过客户机操作系统的本地驱动直接操作该硬件，此时虚拟机访问 I/O 的性能接近物理设备性能。

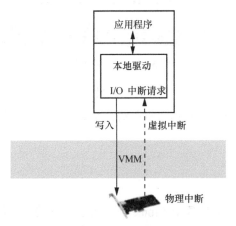

图 5-16　I/O 透传

I/O 透传的缺点很明显，即一个虚拟机需要独占一个物理设备。在云计算的应用中，理想的模型是所有的硬件资源都可以被资源池化，因此将硬件资源和虚拟机一对一绑定的模式很少被使用，同时，设备绑定也会在虚拟机迁移时带来困难。

## 5.3　计算虚拟化的典型产品

典型的虚拟化产品有 Xen、KVM、VMware、Hyper-V 等。这些产品根据各自的诞生时代及应用场景使用了各种类型的虚拟化技术。这些产品各有优劣，在实际使用中，选择虚拟化产品需要结合实际需求和运行环境。

### 5.3.1　Xen

图 5-17 显示的是 Xen 的架构，Xen VMM 运行在硬件之上，主要负责内存管理、CPU 管理、中断处理、任务调度等工作。而在上层的虚拟机中，有一个特殊的 Dom0 虚拟机，将 Dom0 虚拟机用于运行 I/O 半虚拟化的后端驱动，而普通虚拟机 $DomU_1$、$DomU_2$ 等的操作系统内核中的驱动则被修改为 I/O 半虚拟化的前端驱动。

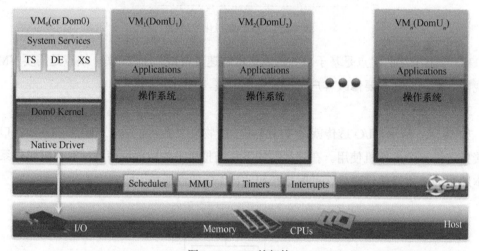

图 5-17　Xen 的架构

Xen 几乎就是半虚拟化技术的代名词，因此 Xen 可以在不需要 CPU 支持硬件辅助虚拟化的情况下达到比较好的性能。同时 Xen 也受限于半虚拟化，使能够支持的虚拟机操作系统有限。

### 5.3.2　KVM

如图 5-18 所示，KVM 是基于 Linux 操作系统内核的虚拟机技术。从 Linux 2.6.20 开始，KVM 被包含在 Linux 操作系统内核中，成为一个内核模块。因此，在 Linux 2.6.20 后，要构建一个 KVM VMM 只需要在内核中载入并开启该模块即可，不影响其他进程在 Linux 操作系统上的正常运行。

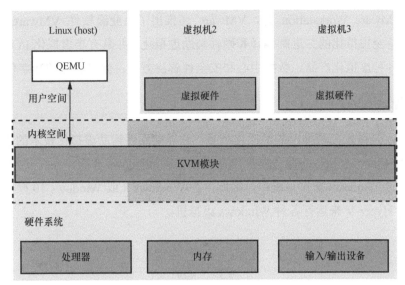

图 5-18　KVM 架构

KVM 基于硬件辅助虚拟化技术，因此对 CPU 有相应的要求。在 KVM 中，VMM 负责处理 CPU、内存及中断信息，虚拟机对 I/O 设备的访问则由运行在 VMM 用户空间中的 QEMU 程序实现。

### 5.3.3　VMware

VMware 是虚拟化领域中的著名公司，早在 1999 年就推出了可以在 x86 平台上流畅运行的商业虚拟化软件 VMware Workstation，如图 5-19 所示。

图 5-19　VMware Workstation

除了 VMware Workstation 外，VMware 还推出了企业级软件 VMware vSphere。VMware 支持全虚拟化的二进制翻译和硬件辅助虚拟化，并具有半虚拟化 I/O 设备驱动。VMware 的各种虚拟化产品、数据中心和安全性解决方案，促进企业的数字化转型。

### 5.3.4 Hyper-V

Hyper-V 是微软公司推出的虚拟化产品，它需要硬件辅助虚拟化技术的支持，早期主要运行在 Windows Server 服务器操作系统上。从 Windows 8 操作系统开始，Hyper-V 被集成在普通 Windows 操作系统中，因此，在 Windows 8 或 Windows 10 操作系统中可以通过开启 Hyper-V 来运行各种 Windows 虚拟机。

## 习 题

1. 简述 CPU 全虚拟化、半虚拟化、硬件辅助虚拟化之间的区别和各自的优缺点。
2. 简述内存全虚拟化和内存半虚拟化的工作原理。
3. 简述 I/O 透传技术的主要缺点。

# 第6章
# 网络虚拟化和存储虚拟化

6.1 网络虚拟化的分类

6.2 网络虚拟化的实现方式

6.3 存储虚拟化

6.4 存储虚拟化的实现方式

6.5 云存储

习题

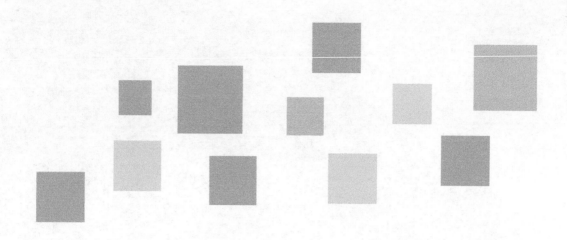

前面的章节介绍了计算虚拟化中的 CPU 虚拟化、内存虚拟化和 I/O 虚拟化,本章主要介绍云计算的另外两个重要组成部分——网络虚拟化和存储虚拟化。网络作为重要的 IT 硬件资源也有相应的虚拟化技术,网络资源则是由网络虚拟化提供的。网络有传统的物理网络,还有运行在服务器上的虚拟网络,虚拟网络的首要目标就是如何呈现和管理各种网络设备。而存储虚拟化是将各类物理存储资源池化,从而更加灵活地配置物理存储资源,提升存储效率、利用率及安全性。本章将首先学习网络虚拟化的分类,以及网络虚拟化的实现方式,然后再介绍存储虚拟化的优势和特点,以及其实现方式。

## 6.1 网络虚拟化的分类

随着云计算技术的不断发展,网络虚拟化应运而生。网络虚拟化就是在一个物理网络上模拟出多个逻辑网络,其概念已经产生很久,如 VPN、VLAN、虚拟专用局域网服务(VPLS)等。在服务器虚拟化发展到一个新高度和出现了新一代物联网技术的背景下,虽然网络虚拟化的基本概念没有变化,但是内容已经发生了变化。现在可以将网络虚拟化划分为 4 类,具体如下。

(1)虚拟网卡(虚拟网络适配器)

虚拟网卡,即用软件模拟网络环境和网络适配器。随着越来越多的服务器被虚拟化,网络已经延伸到 VMM 内部,网络通信的"端"已经从以前的服务器变成了运行在服务器中的虚拟机,数据包从虚拟机的虚拟网卡流出,通过 VMM 内部的虚拟交换机,再经过服务器的物理网卡到上联交换机处。

(2)虚拟交换技术

虚拟交换是指允许在同一台物理交换机上执行多种交换功能,或在网络中的多台物理交换机上执行单功能交换。而在现实的交换机操作中,只在一台物理交换机上执行交换功能。虚拟交换技术是多服务网络交换结构中的核心概念。

(3)硬件设备虚拟化

硬件设备虚拟化通过路由器集群技术和交换机堆叠技术将多台物理网络设备合并成一台虚拟网络设备,或是将一台物理网络设备通过软件虚拟化成多台逻辑网络设备,实现跨设备链路聚合,简化网络拓扑结构,便于管理、维护和配置,消除"网络环路",增强网络的可靠性,提高链路的利用率。

(4)虚拟化网络

虚拟化网络包括层叠网络、虚拟专用网络、数据中心使用较多的虚拟二层延伸网络。这些虚拟化网络是在物理网络的基础上创建的,通过引入新的协议或技术来解决虚拟化环境中的问题,而近年来软件定义网络(SDN)则从根本上改变了目前的网络交换模式。

## 6.2　网络虚拟化的实现方式

网络虚拟化有4种实现方式,分别是虚拟网卡、虚拟交换技术、硬件设备虚拟化和虚拟化网络。

### 6.2.1　虚拟网卡

在运行虚拟机时,虚拟网卡起着关键的作用。虚拟网卡是一种通过软件模拟的网络适配器,它在虚拟机内部提供了与网络通信的接口。虚拟网卡是在物理主机上创建的虚拟设备,它对应于虚拟机中的网络接口,与物理网卡类似。虚拟机通过虚拟网卡与物理网络进行通信、发送和接收数据包。

虚拟网卡的主要功能有以下几种。

(1)网络连接

虚拟网卡提供了虚拟机与物理网络之间的连接,通过物理网络适配器将数据包从虚拟机传输到物理网络,或者从物理网络传输到虚拟机。

(2)网络配置

虚拟网卡可以配置网络参数,如IP地址、子网掩码、网关等。这些参数使虚拟机能够与其他设备进行通信,并在网络中定位和识别。

(3)虚拟网络隔离

虚拟网卡可以隔离不同虚拟机之间的网络流量。每个虚拟机都有自己独立的虚拟网卡，使虚拟机之间的网络流量互不干扰。

（4）虚拟网络服务

虚拟网卡还可以支持一些网络服务，如 VLAN、VPN 等。在虚拟网卡上对这些网络服务进行配置和管理为虚拟机提供了特定的网络功能和特性。

虚拟网卡的实现方式可以有多种，其中最常见的方式是通过虚拟化软件（如 VMware、KVM 等）在虚拟机内部创建和管理虚拟网卡。虚拟网卡与物理网卡之间可以通过虚拟交换机或虚拟网络设备进行连接和通信。

多个虚拟机共享服务器中的物理网卡，需要一种机制既能保证 I/O 的效率，又能保证多个虚拟机对物理网卡的共享使用，I/O 虚拟化主要解决这类问题。将 I/O 虚拟化分为 I/O 全虚拟化、I/O 半虚拟化和 I/O 硬件辅助虚拟化。

全虚拟化即所抽象的虚拟机（VM）具有完全的物理特性，虚拟化层负责捕获 CPU 指令，为指令访问硬件充当媒介。典型的全虚拟化代表产品有 VMware、VirtualBox、Virtual PC、KVM-x86。KVM 是一个基于 Linux 内核的虚拟化技术，它利用 Linux 内核的虚拟化扩展来提供硬件辅助虚拟化的功能，使 Linux 内核能够作为 VMM 来管理和运行虚拟机如图 6-1 所示。

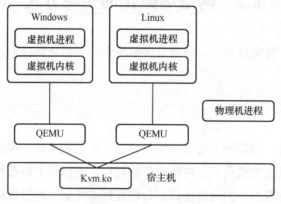

图 6-1　KVM 组成

半虚拟化的效率比全虚拟化的效率高，它需要对操作系统进行修改以提高系统效率。VMM 直接安装在物理机上，负责管理和协调多个虚拟机的资源。VMM 的实现通常需要一个特殊定制的 Linux 操作系统。典型的半虚拟化产品有 Xen、VMware ESXi、Hyper-V。Xen 直接对操作系统内核进行修改，将操作系统改成一个轻量级的 VMM，并在其中运行一个特殊的虚拟机（Domain0）来管理和调度资源，如图 6-2 所示。

硬件辅助虚拟化技术的应用也变得越来越广泛，英特尔、AMD 等硬件厂商通过对硬件进行改造来支持虚拟化技术。硬件辅助虚拟化就是在 CPU、芯片组及 I/O 设备等硬件中加入专门针对虚拟化技术的支持。并且，硬件辅助虚拟化相对于软件虚拟化而言，可以彻底解决软件虚拟化实现中存在的一些问题，如软件虚拟化的实现非常复杂、内存虚拟化的影子页表会产生额外的系统开销、软件虚拟化实现的虚拟化性能不佳及 I/O 设备的虚拟化性能较差。Intel CPU 和 AMD CPU 如图 6-3 所示。

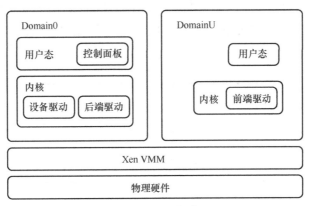

图 6-2　Xen 组成

图 6-3　Intel CPU 和 AMD CPU

## 6.2.2　虚拟交换技术

为了解决在云环境中同一服务器上的多台虚拟机之间的通信问题，通常需要采用虚拟交换技术，以下 3 种方法均可以实现虚拟交换。

### 1. 基于 CPU 实现的虚拟交换

基于 CPU 实现的虚拟交换是使用服务器内部的 CPU 和内存资源，在云环境中创建一个虚拟的分布式交换机。分布式交换机跨越了云环境中的两台服务器，用于实现这两台服务器内所有虚拟机之间的完整虚拟交换功能。分布式交换机可以组成端口组，将虚拟机的虚拟网卡连接到分布式交换机的端口组，服务器中的物理网卡作为虚拟交换机的上行链路接入物理网络。

基于 CPU 实现的虚拟交换采用的是纯软件的实现方式，相对于采用芯片的物理交换机，具有扩展灵活、快速且更好地满足云计算的网络需求等特点，但基于 CPU 实现的虚拟交换会消耗服务器的 CPU 资源，性能相对较差。

基于 CPU 实现的虚拟交换如图 6-4 所示，虚拟机 1 访问虚拟机 2，虚拟机 1 将数据包发送给 OVS（OVS 是开源的虚拟机，与华为的 EVS 相对应）。OVS 根据 MAC 地址转发到虚拟机 2，性能较优。如果虚拟机 1 访问虚拟机 3，虚拟机 1 将数据包发给 OVS，

OVS 将数据包转发到网卡处，该网卡的链路类型是 Trunk（端口汇聚）类型，而且 PVID 为 0，意味着不达 PVID。再由网卡将数据包发送给 TOR（物理交换机），TOR 将数据包转发到虚拟机 3。如果虚拟机 1 与虚拟机 2 的流量过大，此实现方式的性能较好；但如果虚拟机 1 访问虚拟机 3 的流量过大，则此实现方式性能不佳。而且此实现方式不利于对流量包进行监控。

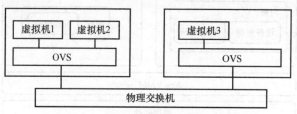

图 6-4　基于 CPU 实现的虚拟交换

### 2. 基于物理网卡实现的虚拟交换

基于物理网卡实现的虚拟交换是利用服务器的物理网卡来实现完整的虚拟交换功能的，如图 6-5 所示。在虚拟机 1 访问虚拟机 2 时，数据包经过 OVS，OVS 不进行计算，而是将数据透传到物理网卡。物理网卡通过计算发现目的地是虚拟机 2，则将数据包发送到 OVS，再由 OVS 透传到虚拟机 2。如果虚拟机 1 访问不在相同宿主机上的虚拟机，则是由 OVS 将数据透传到物理网卡，由物理网卡将数据发送到 TOR，由 TOR 发送给其他虚拟机，性能较优。

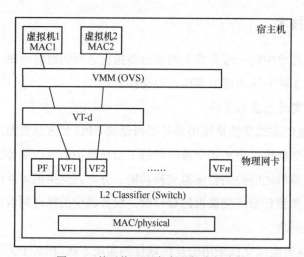

图 6-5　基于物理网卡实现的虚拟交换

虚拟机 1 MAC1 和虚拟机 2 MAC2 分别代表虚拟机 1 的物理地址和虚拟机 2 的物理地址。VMM 是一种软件层，用于在物理计算机上创建和管理多个虚拟机。面向 I/O 的虚拟化技术（VT-d）是英特尔处理器的一项技术，旨在提高虚拟化技术在输入/输出（I/O）性能方面的表现。网卡中的 PF 是物理网络适配器上的逻辑实体，可以直接和物理网络交互,并能够在其上创建多个 VF。VF 是在 PF 的基础上创建的虚拟网络适配器,它可以看作 PF 的一个副本,但是它不会与物理网络直接交互,而是与虚拟网络进行交互。使用 VF 可以将一个物理网络适配器分成多个逻辑适配器,从而支持多个虚拟机访问网络,同时提高了网络资源的利用率。L2 Classifier(Switch)是基于二层协议(L2 协议)的分类器或交换机,在网络中扮演着非常重要的角色,能够提高网络的性能和可靠性,同时实现网络的管理和控制。

3. 基于 TOR 实现的虚拟交换

基于 TOR 实现的虚拟交换是将虚拟机的网络流量接入 TOR 进行处理,需要依赖于 TOR 的相应功能来实现虚拟交换。

基于 TOR 实现虚拟交换的代表技术为 VEPA(虚拟以太网端口聚合器),它将虚拟机之间的虚拟交换行为从服务器内部移到上联交换机上,如图 6-6 所示。当两个处于同一服务器内的虚拟机进行数据交换时,虚拟机 2 传出的数据帧首先会经过物理网卡被送往上联交换机,上联交换机通过查看数据帧头中携带的虚拟机 MAC 地址发现目的虚拟机 3 在同一台服务器中,因此又将该数据帧送回原服务器处,完成寻址转发。

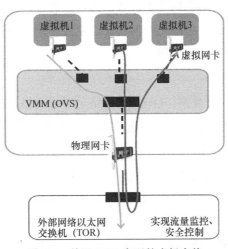

图 6-6 基于 TOR 实现的虚拟交换

虚拟机间的访问流量走向是 OVS→物理网卡→TOR→物理网卡→OVS。因为是使用 TOR 来实现网络虚拟化,对于主机侧来说减少了主机的开销,所以性能较优。

### 6.2.3 硬件设备虚拟化

硬件设备虚拟化就是硬件物理平台本身提供了对特殊指令的截获和重定向的支持。支持虚拟化的硬件,也是实现一些软件虚拟化技术的关键。硬件(主要是 CPU)为虚拟化软件提供支持,从而实现硬件资源的虚拟化。

支持虚拟化的技术有 Intel VT,英特尔公司为解决纯软件虚拟化解决方案在可靠性、安全性和性能上的不足而引进的技术。利用该技术可以让一个 CPU 实现多个 CPU 并行运行，从而使在一部计算机内同时运行多个操作系统成为可能。AMD-V 是 AMD 公司的虚拟化技术，它是针对 x86 处理器系统架构的一组硬件扩展和硬件辅助虚拟化技术，可以简化纯软件虚拟化解决方案，改进 VMM 的设计，更充分地利用硬件资源，提高服务器和数据中心的虚拟化效率。

硬件设备虚拟化主要被分为以下几种情况。① 多台物理设备虚拟为一台逻辑设备，在同一个网络层面上，把功能或业务相似的物理设备整合到同一个逻辑架构中，提高系统的可靠性，简化网络管理，节约 IP 地址资源。② 一台物理设备虚拟成多台逻辑设备，如思科的 N7K 系列交换机可以被虚拟成多台 VDC，每台 VDC 之间相互独立、完全隔离，提高了网络资源的利用率。③ 不同类型的物理设备虚拟为一台逻辑设备，如把网络的核心层、汇聚层等各层的物理设备虚拟为一台逻辑设备，简化网络结构，对网络进行统一管理和配置。

### 6.2.4 虚拟化网络

网络虚拟化是一种重要的网络技术，该技术可在物理网络上虚拟多个相互隔离的网络，使不同用户可以使用独立的网络资源切片，从而提高网络资源利用率，实现弹性的网络。常见的虚拟化网络有以下 5 种。

1. 覆盖（Overlay）网络

Overlay 网络又被称为重叠网。Overlay 网络是通过网络虚拟化技术，在同一张底层（Underlay）网络上构建出一张或者多张虚拟的逻辑网络。不同的 Overlay 网络虽然共享 Underlay 网络中的设备和线路，但是 Overlay 网络中的业务与 Underlay 网络中的物理组网和互联技术相互解耦。Overlay 网络的多实例化，既可以服务于同一租户的不同业务（如多个部门），也可以服务于不同租户，是 SD-WAN 及数据中心等解决方案使用的核心组网技术。

Overlay 网络和 Underlay 网络是一组相对概念，Overlay 网络是建立在 Underlay 网络上的虚拟逻辑网络。而建立 Overlay 网络的原因，需要从底层的 Underlay 网络的概念及局限性讲起。在 Underlay 网络中，互联的设备可以是各种类型的交换机、路由器、负载均衡设备、防火墙等，但在 Underlay 网络的各个设备之间，必须通过路由协议来确保 IP 的连通性。Underlay 网络可以是二层网络也可以是三层网络。二层网络通常应用于以太网，通过 VLAN 进行划分。三层网络的典型应用是互联网，其在同一个自治域内使用开放最短通路优先（OSPF）协议、中间系统到中间系统（IS-IS）路由协议等协议进行路由控制，在各个自治域之间则采用边界网关协议（BGP）等协议进行路由传递与互联。随着技术的进步，出现了使用多协议标记交换（MPLS）这种介于二层网络、三层网络的 WAN 技术搭建的 Underlay 网络。

传统的网络设备对数据包的转发都是基于硬件的，其构建的 Underlay 网络产生了如下的问题：由于硬件根据目的 IP 地址进行数据包的转发，因此对传输路径的依赖十分严重；新增或变更业务需要对现有的底层网络连接进行修改，重新配置耗时严重；互联网不能保证私密通信的安全性；网络切片和网络分段的实现很复杂，无法实现网络资源的按需分配；多路径转发烦琐，无法通过融合多个底层网络来实现负载均衡。

为了摆脱 Underlay 网络的种种限制，现在多采用网络虚拟化技术在 Underlay 网络之上创建 Overlay 网络。在 Overlay 网络中，设备之间可以通过逻辑链路按照需求完成互联，形成 Overlay 拓扑。在相互连接的 Overlay 设备之间建立隧道，当准备传输数据包时，设备为数据包添加新的 IP 头部和隧道头部，并且将内层的 IP 头部屏蔽，数据包根据新的 IP 头部进行转发。当数据包被传递到另一个设备后，外部的 IP 头部和隧道头部将被丢弃，得到原始的数据包。在这个过程中，Overlay 网络并不会感知到 Underlay 网络。Overlay 网络如图 6-7 所示。

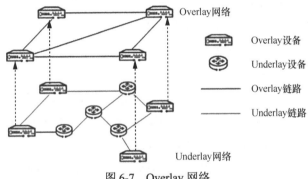

图 6-7 Overlay 网络

Overlay 网络有着各种网络协议和技术，如虚拟扩展局域网（VXLAN）、NVGRE、SST、通用路由封装（GRE）、NVo3、EVPN 等。随着 SDN 的引入，加入了控制器的 Overlay 网络有着如下优点。①流量传输不依赖特定线路。Overlay 网络使用隧道技术，可以灵活选择不同的底层链路，使用多种方式保证流量的稳定传输。②Overlay 网络可以按照需求建立不同的虚拟拓扑组网，不需要对底层网络进行修改。③通过加密手段可以保护私密流量在互联网上的传输。④支持网络切片与网络分段的实现。对不同的业务进行分割，可以实现网络资源的最优分配。⑤支持多路径转发。在 Overlay 网络中，流量从源传输到目的可通过多条路径，从而实现负载分担，最大化利用线路的带宽。

2. VPN

VPN 的功能是在公用网络上建立专用网络以进行通信过程的加密，在企业网络中有着广泛的应用。VPN 网关通过对数据包加密和数据包目标地址的转换来实现远程访问。VPN 可通过服务器、硬件、软件等多种方式实现。

VPN 的工作原理如下。通常情况下，VPN 网关采取双网卡结构，外网卡使用公网

IP 接入互联网。网络 1（假设为公网）的终端 A 访问网络 2（假设为公司内网）的终端 B，终端 A 发出的访问数据包的目标 IP 地址为终端 B 的内部 IP 地址。网络 1 的 VPN 网关在接收到终端 A 发出的访问数据包时，对其目标地址进行检查，如果目标 IP 地址属于网络 2 的 IP 地址，则对该数据包进行封装，封装的方式根据所采用的 VPN 技术的不同而不同，同时，VPN 网关会构造一个新的 VPN 数据包，并将封装后的原数据包作为 VPN 数据包的负载，VPN 数据包的目标 IP 地址为网络 2 的 VPN 网关的外部 IP 地址。网络 1 的 VPN 网关将 VPN 数据包发送到互联网，由于 VPN 数据包的目标 IP 地址是网络 2 的 VPN 网关的外部 IP 地址，所以该数据包将互联网中的路由正确地发送到网络 2 的 VPN 网关。网络 2 的 VPN 网关对接收到的数据包进行检查，如果发现该数据包是从网络 1 的 VPN 网关发出的，即可判定该数据包为 VPN 数据包，并对该数据包进行解包处理。在解包的过程中会先将 VPN 数据包的包头剥离，再对数据包进行反向处理，将其还原成原始数据包。由于原始数据包的目标 IP 地址是终端 B 的 IP 地址，所以该数据包能够被正确地发送到终端 B。在终端 B 看来，它接收到的数据包能够与从终端 A 发出的数据包保存一致。从终端 B 返回终端 A 的数据包的处理过程和上述处理过程一样，通过上述方式，两个不同网络内的终端可以实现相互通信。

3. 虚拟二层延伸网络

虚拟化从根本上改变了数据中心网络架构的需求。虚拟化引入了虚拟机动态迁移技术，要求网络支持大范围的二层域。在一般情况下，多数据中心之间的连接通过三层路由连通。而要实现通过三层网络连接的两个二层网络之间的互通，需要使用虚拟二层延伸网络。

传统的 VPLS 技术，以及新兴的 Cisco OTV（覆盖传输虚拟化）、H3C EVI（以太网虚拟化互联）技术，都是借助隧道技术，将二层数据报文封装在三层报文中，跨越中间的三层网络，实现异地二层数据的互通。有虚拟化软件厂商提出软件的虚拟二层延伸网络解决方案，如 VXLAN、NVGRE，在虚拟化层的 vSwitch 中将二层数据封装在 UDP、GRE 报文中，在物理网络拓扑上构建一层虚拟化网络层，从而摆脱对底层网络的限制。

4. SDN

SDN 是由美国斯坦福大学 Clean-Slate 课题研究组提出的一种新型网络体系结构，是网络虚拟化的一种实现方式，其核心技术 OpenFlow 通过对网络设备的控制面与数据面进行分离，从而实现网络流量的灵活控制，使网络变得更加智能化，为核心网络及应用的创新提供了良好的平台。

SDN 的思想是通过分离控制面与数据面，将网络中交换设备的控制逻辑集中到一个计算设备上，为提升网络管理配置能力带来了新的思路。SDN 的本质特点是控制面和数据面的分离及开放性、可编程性。通过分离控制面和数据面，以及利用开放的通信协议，SDN 打破了传统网络设备的封闭性。此外，南北向和东西向的开放接口及可编程性也使网络管理变得更加简单和灵活。

SDN 的整体结构由下到上（由南到北）分为数据面、控制面和应用面。其中，数据面由交换机等网络通用硬件组成，在各个网络设备之间，通过不同规则形成不同的 SDN 数据通路连接。控制面包含逻辑上为中心的 SDN 控制器，它掌握着全局网络信息，负责各种转发规则的控制。应用面包含各种基于 SDN 的网络应用，用户不需要关心底层细节就可以进行编程、部署新应用。

5. SDN 与 NFV 的结合

网络功能虚拟化（NFV）在 2012 年由全球多家知名的电信运营商联合提出，并得到国际标准组织和开源组织、设备厂商的积极响应。NFV 的基本理念是基于标准的 x86 架构服务器、通用存储和交换机等硬件平台，利用虚拟化技术，在虚拟化硬件资源上承载各类功能的软件，从而实现网络功能虚拟化，由虚拟的网元代替传统的通信设备。

NFV 和 SDN 是高度互补关系，但并不互相依赖。网络功能可以在没有 SDN 的情况下进行虚拟化和部署，这两个理念的结合可以产生更大的潜在价值。

在当前的运营商网络中，NFV 的部署集中在数据中心和网络边缘，数据中心容易实现计算、存储和网络设备的规模化部署并实现资源虚拟化，有利于大规模部署计算密集型虚拟网络功能（VNF）网元。运营商的业务往往是端到端部署，NFV 服务需要贯穿接入网络、WAN 和数据中心，因此 NFV 部署除了需要解决 VNF 的实现，还需要解决端到端的网络连接。整体而言，将 SDN 作为一个模块集成到 NFV 架构中，为 NFV 架构中的上层模块提供网络资源管理、控制和配置的功能。在数据中心内部，SDN 作为 NFV 中虚拟基础设施管理（VIM）的一部分，实现网络功能虚拟化基础设施（NFVI）中网络设备的控制，并配合计算、存储资源管理平台（如 OpenStack）向上层的虚拟化的网络功能模块管理器（VNFM）和网络功能虚拟化编排器（NFVO）组件提供虚拟化资源管理和配置服务。在数据中心以外的网络中，SDN 则提供传统网络的集中控制和配置功能，为 NFVO 提供接口分配、连接建立、策略配置等功能，实现 WAN 与数据中心网络、接入节点的对接，为上层业务提供端到端的网络服务。

## 6.3 存储虚拟化

存储系统是计算机系统的重要组成部分，包含存放程序和数据的各种存储设备、控制部件，以及管理信息调度的设备和软件。根据不同的应用环境，存储系统应合理、安全、有效地将数据保存到相应的存储介质上，并能确保数据被有效地访问。随着计算机的普及和互联网的快速发展，应用程序产生的数据成倍增长，相应的存储需求也急剧增加，企业随即对存储设备和磁盘阵列进行扩容。但分布各异的存储资源在存储设备扩容后仍然难以管理，存储设备的利用率不高。云计算在需要存储海量数据的同时还需要灵活地配置存储资源,传统的存储解决方案有很大的局限性,因此,在云计算环境下,不可避免地需要使用存储虚拟化技术。

相对于传统的存储设备使用方式,存储虚拟化的核心是在存储设备上添加一个逻辑层,把多个存储介质(如多个硬盘或者多个磁盘阵列)集中起来,组成一个存储资源池并对其进行统一的管理,之后按需分配,提供给云平台的虚拟机使用。这能够屏蔽不同底层存储设备间的差异,使管理员方便调配存储资源。在用户或虚拟机的视角里,云平台分配的存储资源就是一块普通的磁盘,因此,对于用户和虚拟机而言,存储虚拟化也屏蔽了底层存储设备的复杂性。

### 6.3.1 存储设备

存储系统的核心是存储设备,存储设备可以分为内部存储器和外部存储器。内部存储器(主存)主要用于存储当前运行的应用程序及其运行数据,包括CPU的高速缓存、内存、磁盘缓存等。外部存储器(辅存)主要用于存储需要在断电后长期保存的数据,常见的外部存储器有磁盘、可移动存储介质等。

内部存储器与外部存储器共同构成了现代计算机的多级存储系统,如图6-8所示。

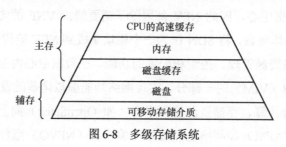

图6-8 多级存储系统

在多级存储系统中,越靠近顶端的部分越靠近CPU,其读写速度越快、容量越小,单位容量造价越高。用于存储大量数据的硬盘、可移动存储介质处在系统最下层,容量最大但读写速度最慢。在追求高性能的服务器上,传统硬盘的读写速度通常难以满足用户需求,因此通常会使用磁盘阵列或者外部存储的方式来优化磁盘的读写效率。云计算还需要对存储资源进行集中管理和分配,因此还需要引入硬盘和存储设备的虚拟化技术。

### 6.3.2 存储虚拟化功能

除了对存储资源进行整合外,增加存储虚拟化逻辑层还能实现在传统存储系统中难以实现的功能,具体如下。

(1)精简磁盘功能

存储虚拟化的精简磁盘功能可以提高物理存储设备的存储空间利用率,如图6-9所示。

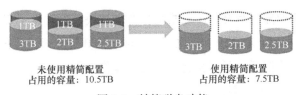

未使用精简配置　　　　　使用精简配置
占用的容量：10.5TB　　　占用的容量：7.5TB

图 6-9　精简磁盘功能

传统的存储使用固定分配的方式，将一个大小为 4TB 的磁盘分配给一台机器使用，即使实际的存储空间使用量为 3TB，剩下的 1TB 存储空间也处于已分配状态，不能再给其他机器使用。使用虚拟化存储的精简磁盘功能可以按照实际的存储空间使用量分配存储空间。将一个大小为 4TB 的存储卷分配给一台虚拟机后，虚拟机不会立即占用 4TB 的存储空间，而是根据实际的存储空间使用量来占用存储卷上的存储空间。

（2）快照功能

利用存储虚拟化技术可以很方便地对当前的虚拟机生成快照。虚拟机在进行高风险操作前创建快照，在出现问题后可以将系统恢复到创建快照时的系统状态。创建快照并不是全量备份虚拟机当前的数据，而是在存储卷上生成一个差分卷，用于记录创建快照后的数据变化。常见的快照技术有写时复制（COW）和写时重定向（ROW）两种。

图 6-10 显示的是 COW 快照的原理。在创建快照后，读写操作仍然会在原磁盘文件中进行，第一次写入新的数据时，会先将需要写入的磁盘位置的原数据复制到差分卷中，然后再将新数据写入原磁盘文件，即写时复制。在图 6-10 中，创建 COW 快照后，原数据 C、D 的位置写入了新数据 E、F，而原数据 C、D 复制到了差分卷。

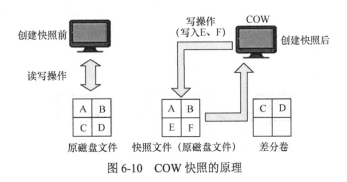

图 6-10　COW 快照的原理

COW 的使用方式非常灵活，能够在任意时间点为任意数据卷创建快照。在快照时间点产生的"备份窗口"的长度与原数据卷的容量成线性比例关系，一般几秒钟即可创建快照，对应用产生的影响较小，并且为快照卷额外分配的存储空间也很小。复制操作只在原数据第一次发生更新时才被触发，因此 COW 快照对于 I/O 操作以读取为主或者写入操作集中在热点区域的系统来说开销较小。

图 6-11 显示的是 ROW 快照的原理。在创建快照后，原磁盘文件会被设置为只读状态，此时新写入的数据会被记录到差分卷中。在读取数据时，如果数据在创建快照后没

有被更新,则直接读取原磁盘文件;如果数据在创建快照后发生了变化,则读取差分卷中的数据。与 COW 一样,利用 ROW 也可以灵活地创建任意时间点的快照。与 COW 相比,利用 ROW 创建快照后,只用执行一次写入操作,因此在以大量随机写入为主的场景下,ROW 有更高的写入性能。

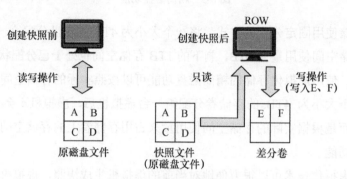

图 6-11　ROW 快照的原理

(3) 链接克隆

虚拟机的克隆是指通过已有的虚拟机模板创建与其初始数据及配置信息一样、但可以独立运行的虚拟机。虚拟机克隆可以采取两种方式,一种方式是直接复制整个虚拟机模板的文件,然后创建新的虚拟机来运行该文件,这种方式被称为完整克隆。一旦采取完整克隆的方式创建新的虚拟机,新的虚拟机和虚拟机模板之间就再没有任何关系,后续的运行也不依赖于虚拟机模板,新的虚拟机有较高的独立性。但完整克隆需要复制整个虚拟机模板,当虚拟机模板较大时,耗时较长,同时,原始虚拟机模板的数据克隆了多份,容易造成数据冗余,浪费存储空间。因此,在进行虚拟机克隆时还可以利用虚拟化存储能方便地创建差分卷的特性,来进行链接克隆,如图 6-12 所示。链接克隆是虚拟机克隆的另一种方式。

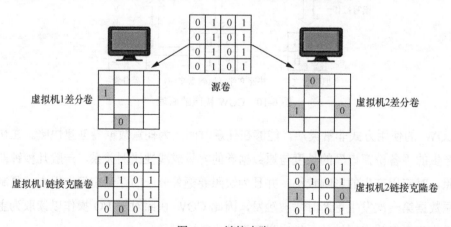

图 6-12　链接克隆

使用链接克隆的方式创建虚拟机并不需要复制整个源卷,而是创建一个差分卷用于存储新的虚拟机的写入信息,因此不管虚拟机模板源卷多大,都能够很快地创建新的虚拟机。对于克隆的虚拟机和源卷相同的数据，都会直接在源卷中进行读取。相对于完整克隆的方式，链接克隆的方式减少了数据冗余，提高了存储空间的利用率。

## 6.4 存储虚拟化的实现方式

在当前常见的云计算环境中，存储虚拟化的后台基础设施主要是由低成本、高性能、可扩展、易用的分布式存储系统构成的，通常采用由廉价的 x86 系列磁盘组成的分布式存储系统。对于存储虚拟化的类型，可以根据不同的实现位置进行划分，也可以在数据组织层面上进行划分，同时可以根据不同的实现方式进行划分，还可以根据存储虚拟化的拓扑结构将其划分为对称式和非对称式。

### 6.4.1 基于不同实现位置的存储虚拟化

根据不同的实现位置，可以将存储虚拟化划分为基于主机的存储虚拟化、基于存储设备的存储虚拟化及基于网络的存储虚拟化。

（1）基于主机的存储虚拟化

当主机需要访问一个或多个磁盘阵列时，可以使用基于主机的存储虚拟化，如图 6-13 所示。将用于进行存储虚拟化的软件安装在主机上，主机在访问经过虚拟化的存储资源时可以屏蔽底层不同磁盘阵列之间的差异，从而实现跨越多个异构磁盘阵列的数据访问和管理。

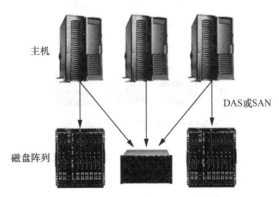

图 6-13　基于主机的存储虚拟化

基于主机的存储虚拟化的优点是运行稳定，具有对异构存储系统的开放性；缺点是需要在主机上运行额外的软件，消耗一定的计算资源。

（2）基于存储设备的存储虚拟化

当有多台主机需要访问同一个磁盘阵列时，可以使用基于存储设备的存储虚拟化，如图 6-14 所示。

在图 6-14 中，各台主机可以直接使用在存储设备上划分的多个逻辑存储空间。基于存储设备的存储虚拟化在磁盘阵列设备的阵列控制器上完成虚拟化的工作,因此不需要在主机上运行额外的软件。

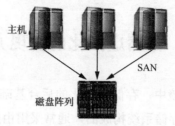

图 6-14　基于存储设备的存储虚拟化

基于存储设备的存储虚拟化的优点是虚拟化的实现与主机无关,不占用主机的资源;缺点是不同厂商、不同类型的磁盘阵列设备的虚拟化实现方式可能会有所不同,不能跨越各设备间的限制。

(3) 基于网络的存储虚拟化

当有多台主机需要访问多个磁盘阵列时,基于主机的存储虚拟化和基于存储设备的存储虚拟化都难以满足该需求,需要使用基于网络的存储虚拟化,如图 6-15 所示。在存储设备上部署虚拟化管理软件,将各个磁盘阵列组成存储资源池,然后通过 SAN 将存储资源提供给接入 SAN 的各台主机。

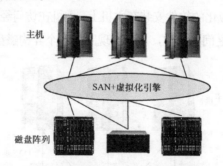

图 6-15　基于网络的存储虚拟化

基于网络的存储虚拟化结合了基于主机的存储虚拟化和基于存储设备的存储虚拟化的优点,既不占用主机的资源又能够支持异构存储设备,同时还能在统一的虚拟化平台下对不同的存储设备进行管理。

### 6.4.2　基于数据组织的存储虚拟化

根据在不同的存储设备上实现存储虚拟化的数据组织来看,存储虚拟化可以被分为块级虚拟化、磁盘虚拟化、磁带/磁带库虚拟化、文件/记录虚拟化及文件系统虚拟化 5 种。

(1) 块级虚拟化

传统的 RAID 技术是将两个或两个以上的单独物理盘以不同的方式组合成一个逻辑磁盘,

主要用于提升磁盘读写效率或通过校验、冗余等方式提高数据存储的安全性。常用的 RAID 方式有 RAID 0、RAID 1、RAID 5 及多种 RAID 方式的组合如 RAID 10 等，如图 6-16 所示。

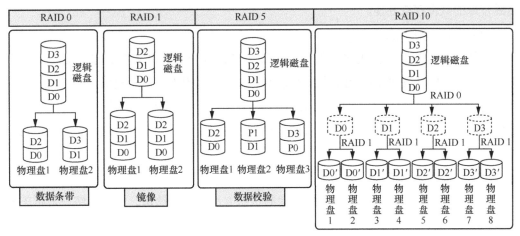

图 6-16 传统的 RAID 技术

利用 RAID 技术构建的磁盘阵列在数据安全性和存储性能方面相对于单块磁盘而言得到了较大提升。但随着计算机的普及和发展，计算机对数据存储的要求越来越高，传统的 RAID 技术也暴露了越来越多的问题，如随着单块磁盘的容量越来越大，磁盘在发生故障更换新的磁盘后，传统 RAID 技术对其进行重构的时间越来越长。在重构过程中，频繁地进行读写操作也容易导致其他磁盘发生故障，增加数据丢失的风险。利用传统 RAID 技术存放的数据分配不均匀，导致有些磁盘的读写压力较大，在影响性能的同时也更容易引起磁盘故障。

块级虚拟化使用增强型的 RAID 技术（RAID 2.0），将系统中的磁盘划分成若干个连续的固定大小的存储块，通过进行细粒度的划分，实现将所有逻辑存储空间中的数据均匀分配在每个磁盘上，从而在业务上实现负载均衡，避免热点，减少出现单个磁盘因承担更多的读写操作压力而提前到达使用寿命上限的情况。同时，在使用 RAID 2.0 技术进行重构时，资源池内的所有磁盘会参与重构，提升了重构效率，减少了单个磁盘在重构时的负载。

（2）磁盘虚拟化

磁盘虚拟化程序一般在磁盘的固件中。物理磁盘可以被分为不同的柱面，每个柱面分成不同的扇区，每个扇区又分成不同的面，磁盘虚拟化隐藏了这些柱面、扇区、面等物理磁盘的细节，为使用者提供了一个虚拟的磁盘。对虚拟磁盘上的块采用逻辑块序号，使用虚拟磁盘的用户或程序通过逻辑块序号来进行读写操作。磁盘虚拟化程序把逻辑块序号映射成磁盘的柱面、扇区、面等物理位置，然后进行实际的数据操作。

（3）磁带/磁带库虚拟化

磁带的特点是存储空间较大，数据保存时间较长，但读写速度低下。磁带库一般用于长久存放静态数据或冷数据。磁带库虚拟化是在磁带库中增加了一些磁盘作为快速缓存，并把这些磁盘映射成磁带库中的一部分，对用户而言，仍然是一个连续的磁带库。

在磁带库中，一般将最新的数据存放在磁盘中，在一段时间后，再将数据转移到磁带中。因为磁盘的数据读写速度快于磁带的读写速度，所以磁带库虚拟化可以在一定程度上提高磁带库的数据存取性能。

（4）文件/记录虚拟化

文件/记录虚拟化是指把多个物理文件/记录映射成一个逻辑文件/记录。文件/记录虚拟化在文件/记录与它们的物理位置之间提供了一个虚拟化层，从而提供了一个统一的文件/记录名空间，用户只需要对文件/记录名进行操作，而不需要根据文件/记录的实际物理位置来改变路径。从用户的角度来看，所有的文件/记录都被存放在一个文件系统中，管理起来更方便。

（5）文件系统虚拟化

文件系统用来管理存储设备上的文件的组织方法和数据结构。文件系统一般位于操作系统或文件服务器上。文件系统虚拟化是指把不同文件系统中的数据结构组合在一起，提供一个虚拟的统一文件系统。用户可以通过文件名来查找和存取文件，而文件实际上可能位于 UNIX 或 Windows 等不同操作系统的文件系统上。文件系统虚拟化的一个缺点就是想要使用它的主机或服务器必须运行访问虚拟文件系统的代理软件，代理软件获取主机或服务器对文件系统的操作，并把这些操作映射为实际文件系统的操作。

### 6.4.3　基于不同实现方式的存储虚拟化

根据存储虚拟化技术的不同实现方式，可以把存储虚拟化分为带内存储虚拟化和带外存储虚拟化两种。

带内在通信上是指通过同一条通信线路传输控制信令和实际数据，如 TCP/IP 网络中的各种路由协议所产生的数据包和实际传输的数据都是通过同一条通信路线来传输的。带外的概念与之相反，通过单独的线路传输控制信令，从而与实际数据的传输线路分隔开来。在存储虚拟化中，带内指进行存储虚拟化的设备位于存储使用者和存储设备之间，存储使用者对存储设备的访问会被中间的虚拟化层"截断"，存储使用者对于存储设备的操作都需要通过虚拟化层这个中介来进行。带外存储虚拟化则是在数据访问路径旁另起一条路，用这条旁路传输控制信令，而对实际数据的访问还是由存储使用者直接访问存储设备完成。在访问数据时，存储使用者必须先"咨询"旁路上的虚拟化设备，在经过"提示"或者"授权"之后，才可以根据虚拟化设备发来的"指示"直接向存储设备请求数据。

### 6.4.4　SDS

软件定义存储（SDS）是一种基于软件的存储方式，即存储控制软件独立于存储硬件。存储控制软件不在存储设备的固件中，而是运行在操作系统上或作为 VMM 的一部分。

随着存储虚拟化技术的进步，存储设备向着存储服务的方向发展。存储系统对资源利用率、弹性扩展能力、数据安全性的要求也越来越高。以分布式架构和虚拟化技术为基础构建的 IT 基础架构平台，可以将计算和存储有机地整合在一起，充分利用分布式存储资源，通过应用软件来定义存储，实现存储设备向存储服务的转变，对存储资源进行更灵活的划分，提供更高的可扩展性。

传统的存储一般指服务器通过以太网或者光纤专线连接集中化存储。为了节省服务器计算性能，提高 I/O 效率，在集中化存储中，一般还需要专用的硬件控制设备来控制数据访问。随着服务器性能的增强，更多的数据访问控制功能被集成到上层应用软件中，再借助底层的分布式存储架构，实现管理、效率、数据安全性的平衡，用大量的廉价存储设备和应用软件代替昂贵的专用磁盘阵列机柜。

通过 SDS，解决了对具体存储硬件厂商的依赖，只要符合 x86 架构的服务器都可作为存储对象，大大提升了可扩展性，并降低了运维难度。分布式存储技术同时支持数据多副本容错、快速备份和恢复，提高了数据服务的可靠性。

## 6.5 云存储

云存储是在云计算的概念上延伸和衍生出来的线上存储。云存储属于云计算中的 SaaS，通过集群应用、网格技术或分布式文件系统等将网络中大量不同类型的存储设备通过应用软件集合起来，使它们协同工作，对外提供数据存储功能，同时保证数据的安全性。

云存储的技术实现从下到上可以被分为存储层、管理调度层、访问接口层、业务应用层，如图 6-17 所示。

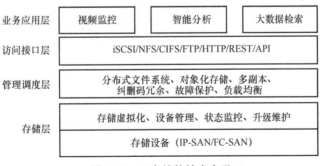

图 6-17 云存储的技术实现

（1）存储层

存储层是云存储的硬件基础。云存储的硬件可以是类似于 FC-SAN 的光纤存储设备，也可以是类似于 NAS 或者 IP-SAN 的 IP 存储设备。这些存储设备可以属于同一个数据中心，也可以分布在不同地理位置，彼此间通过 WAN 连接在一起。

（2）管理调度层

管理调度层通过集群应用、分布式文件系统等技术完成存储层中各种存储设备的协调工作，同时通过负载均衡、故障保护等策略保障数据存取的安全性和可靠性。

（3）访问接口层

应用层根据上层应用开发不同的服务接口，比如 FTP 服务、NFS 服务、RESTful 接口等。有了访问接口层，上层应用在使用存储资源时不必关心存储硬件的管理，减轻了云存储应用开发的负担。

（4）业务应用层

业务应用层通过云存储应用直接向用户提供存储服务。云存储应用如图 6-18 所示，用户使用可以提供数据存储和管理功能的云存储应用，将本地数据上传至云端，以节约本地存储空间，同时打破地域限制，在任何能够通过网络访问云存储的地方使用和管理云端的数据。此外，云存储还可以作为本地存储数据的备份或冗余，当本地存储损坏时，可以使用云存储上的备份数据。

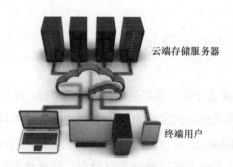

图 6-18　云存储应用

云存储是将存储资源上传到云端供用户存取的一种存储解决方案。使用者可以在任何时间、任何地方，通过网络方便地在云端存取数据。云存储大大提升了数据存储的便捷性和用户体验，是万物互联时代不可缺少的云计算服务。

# 习　题

1. 介绍 VPN 的原理及使用场景。
2. 简述 Overlay 网络和 Underlay 网络之间的关系。
3. 简述存储虚拟化与传统虚拟化相比有哪些优点？
4. 简述常见的快照技术 ROW 方式和 COW 方式之间的区别，以及各自的适用场景。
5. 简述基于主机的存储虚拟化和基于存储设备的存储虚拟化之间的区别，以及各自的优缺点。

# 第7章
# 容器虚拟化和桌面虚拟化

7.1　Docker概述

7.2　Kubernetes概述

7.3　微服务

7.4　桌面虚拟化的概念与发展

7.5　桌面虚拟化的技术实现

习题

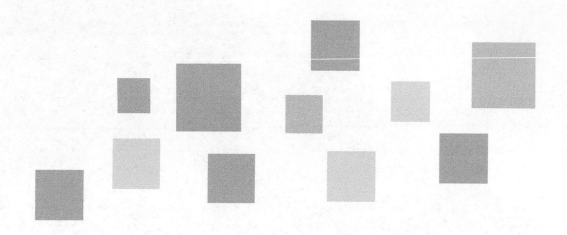

本章的主要内容是介绍两个偏向于应用的虚拟化技术——容器虚拟化技术和桌面虚拟化技术。容器虚拟化技术作为一种全新意义上的虚拟化技术，其属于操作系统虚拟化的范畴，即由操作系统提供虚拟化的技术支持，由操作系统提供接口，从而使应用程序间可以互不干扰地独立运行，并且能够对其运行时所使用的资源进行管理。随着虚拟化技术和云计算技术的不断发展，越来越多的企业开始使用桌面虚拟化技术，不仅节约了采购成本、减少了管理成本，也大大提升了用户体验。本章将简单讲解关于 Docker、Kubernetes 和微服务的相关知识，了解桌面虚拟化的概念与发展，学习桌面虚拟化的技术实现。

## 7.1 Docker 概述

Docker 是一个开源的容器引擎，它可以帮助我们更快地交付应用。Docker 可对应用程序和基础设施层进行隔离，将基础设施当作程序并对其进行管理。使用 Docker 可更快地打包、测试及部署应用程序，并可缩短从编写到部署运行代码的时间。

### 7.1.1 什么是 Docker

Docker 的本意是"码头工人"，它借鉴了通过集装箱装运货物的思想，让开发人员将应用程序及其所有依赖项打包到一个轻量级、可移植的容器中，然后发布到任何运行容器引擎的环境中，以容器的形式运行该应用程序。码头工人在装运集装箱时不关心集装箱里面装的是什么货物，也不用直接装运货物，省时省力，同样，Docker 在操作容器时也不关心容器里有什么软件，可以非常方便地部署和运行应用程序。通常将"Container"译为容器，以区别于货运集装箱。

Docker 由 Go 语言编写并遵从 Apache 2.0 协议开源。Docker 的思想来源于"集装箱"，当多个应用程序在服务器上上线时很有可能会导致环境冲突（如端口冲突），Docker 的作用就是将全部环境压缩到多个"集装箱（即容器）"中，使各个环境相互隔离，这样就不会互相干扰了。Docker 的 Logo 如图 7-1 所示，该 Logo 很好地解释了 Docker 的作用。

图 7-1　Docker 的 Logo

### 7.1.2　Docker 的组成部分

Docker 包括 3 个基本概念，分别是镜像、容器和仓库。Docker 的镜像相当于一个 root 文件系统，比如官方镜像 Ubuntu 16.04 包含了完整的最小化 Ubuntu 16.04 系统的 root 文件系统。镜像和容器之间的关系就像是面向对象程序设计中的类和实例，镜像是静态的定义，容器是镜像运行的实体。容器可以被创建、启动、停止、删除等，用户可以通过 run 命令来操作相应的容器。可以将仓库看成一个代码控制中心，用来保存镜像，用户可以在仓库中下载镜像，也可以将镜像上传至仓库。镜像、容器和仓库之间的关系如图 7-2 所示。

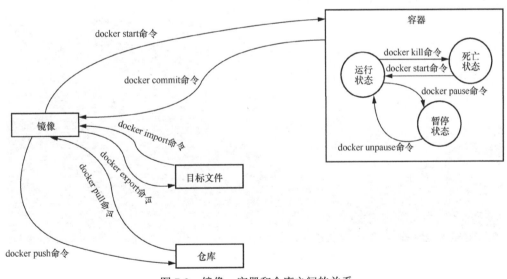

图 7-2　镜像、容器和仓库之间的关系

Docker 镜像类似于虚拟机的镜像，可以将它理解为一个面向 Docker 的只读模板。例如，一个镜像可以完全包含 Ubuntu 操作系统环境，把它称作一个 Ubuntu 镜像。镜像是创建 Docker 容器的基础，通过进行版本管理和使用增量的文件系统，Docker 提供了一套十分简单的运行机制来创建和更新现有的镜像。用户可以从网上下载一个已经完成的应用镜像,并通过命令直接使用。总之,应用程序运行需要运行环境,而镜像就是来提供这种运行环境的。

Docker 容器类似于一个轻量级的沙箱(因为 Docker 是基于 Linux 操作系统内核的虚拟技术,所以消耗资源较少),Docker 利用容器来运行和隔离应用程序。容器是通过镜像创建的应用程序运行实例,可以使其启动、停止或将其删除,而这些容器都是相互隔离、互不可见的。可以把每个容器看作一个由简易版的 Linux 操作系统环境(包括 root 用户权限、进程空间、用户空间和网络空间),以及与运行在其中的应用程序共同打包而成的应用盒子。镜像本身是只读的,自镜像启动,Docker 便会在镜像的最上层创建一个可写层,镜像本身保持不变。就像用 ISO 安装系统之后,ISO 并没有发生变化一样。

Docker 仓库类似于代码仓库,是 Docker 集中存放镜像文件的场所。有些资料会将 Docker 仓库和注册服务器混为一谈,并不进行严格区分。实际上,注册服务器是存放仓库的地方,其中往往存放着多个仓库。每个仓库集中存放某一类镜像,包括多个镜像文件,通过不同的标签来对它们进行区分。例如存放 Ubuntu 操作系统镜像的仓库,被称为 Ubuntu 仓库,其中可能包括 Ubuntu 14.04、Ubuntu 12.04 等不同版本的镜像。根据是否公开分享存储的镜像,将 Docker 仓库分为公开仓库和私有仓库两种形式。目前,最大的公开仓库是 Docker Hub,存放了数量庞大的镜像供用户下载。Docker Hub 界面如图 7-3 所示。

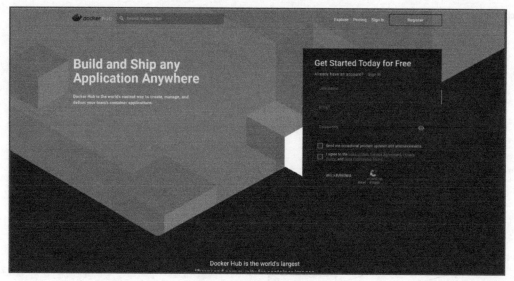

图 7-3　Docker Hub 界面

### 7.1.3　Docker 容器与传统虚拟机

虚拟机是通过 VMM(常见的 VMM 包括 VMWare Workstation、VirtualBox)得到网卡、CPU、内存等虚拟硬件,再在其上建立虚拟机,每个虚拟机都拥有独立的操作系统及系统内核。

Docker 容器利用 Namespace（名字空间）对文件系统、进程、网络、设备等资源进行隔离，利用 Cgroups（控制组）对权限、CPU 资源进行限制，最终让容器之间互不影响，容器无法影响宿主机。

在容器虚拟化技术出现之前多使用虚拟机，但是虚拟机需要的启动时间为分钟级别，Docker 容器的启动时间为秒级别，因为 Docker 容器只运行最核心的环境，确保它可以正常启动，当需要其他环境的时候再一个个加上去即可。普通虚拟机和 Docker 容器之间的差距不仅只有启动时间，表 7-1 总结了两者各自的特性。

表 7-1　　　　　　　　　　普通虚拟机和 Docker 容器的特性

| 特性 | 普通虚拟机 | Docker 容器 |
| --- | --- | --- |
| 跨平台 | 通常只能在桌面操作系统中运行，例如 Windows 操作系统和 macOS 操作系统，无法在无图形界面的服务器上运行 | 支持的操作系统版本非常多，支持多个 Windows 操作系统和 Linux 操作系统版本 |
| 性能 | 性能损耗大，内存使用率高，因为是对完整系统进行虚拟化 | 性能好，只对软件所需要的运行环境进行虚拟化，最大程度减少多余的配置 |
| 自动化 | 需要手动部署 | 仅执行一个命令就可以自动部署所需要的运行环境 |
| 稳定性 | 稳定性较差，不同操作系统的部署方式之间的差异性较大 | 稳定性好，不同操作系统使用一样的部署方式 |

Docker 容器在主机操作系统的用户空间内运行，并且与其他操作系统进程相互隔离，在启动时也不需要启动操作系统的内核空间。因此，与虚拟机相比，Docker 容器启动速度快，内存开销少，而且方便迁移。当然，也可以在虚拟机上运行 Docker 容器，此时，该虚拟机本身就充当了一台 Docker 主机。Docker 容器与虚拟机之间的对比如图 7-4 所示。虚拟机由基础设施、虚拟机操作系统、客户操作系统、二进制/库、应用等组成，图中的虚拟机都必须有完整的操作系统，而容器共享主机操作系统的内核，这是虚拟机结构和 Docker 容器结构之间最大的不同。

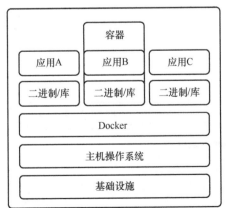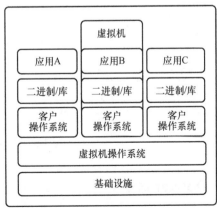

图 7-4　Docker 容器与虚拟机之间的对比

### 7.1.4 Docker 的安装

安装 Docker 的具体步骤如下。

① 查看内核版本。

在正式安装 Docker 之前,需要先查看 Linux 操作系统的内核版本,官方建议 Linux 操作系统内核在 3.100 版本以上。图 7-5 显示的是某台计算机的 Linux 操作系统内核版本(注:本书使用虚拟机的 CentOS 7 安装 Docker,本节命令均由 root 用户登录执行,如果不是使用 root 用户,前面要加 sudo)。

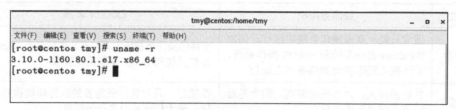

图 7-5 Linux 操作系统内核版本

② 使用 root 权限更新 yum 包(在生产环境中,此步操作须慎重进行),命令如下。

```
yum -y update
```

③ 卸载旧版本 Docker(如果已安装过 Docker),命令如下。

```
yum remove docker  docker-common docker-selinux docker-engine
```

④ 选择一个 Docker 版本并进行安装,命令如下。

```
yum -y install docker-ce-18.03.1.ce
```

⑤ 查看 Docker 版本,命令如下。

```
docker –version
```

Docker 安装成功如图 7-6 所示,可以看到 Docker 版本为 18.03.1,API 版本为 1.37。

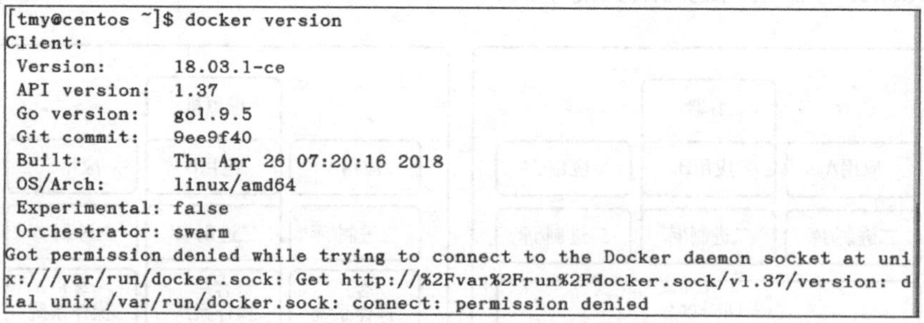

图 7-6 Docker 安装成功

### 7.1.5 Docker 命令

镜像和容器不仅是 Docker 的重要组成部分,还有着许多执行命令。除了容器命令和镜像命令外，还有操作中的常用基本命令，因此 Docker 命令可被分成 3 类，具体如下。

1. 基本命令

```
docker version      #查看 Docker 版本
docker info         #查看 Docker 的详细信息
docker --help       #查看 Docker 命令
```

查看 Docker 版本和 Docker 的详细信息是常用的基本命令，当不知道某个命令的具体用法时，使用 docker --help 命令是个很好的办法，假如忘记 rm 指令的具体用法，可以输入如下代码。

```
docker rm --help
```

docker rm --help 命令的执行结果如图 7-7 所示，可以清晰地看到 rm 指令的功能描述是移除一个或者多个容器，命令格式为 docker rm [OPTIONS] CONTAINER [CONTAINER...]，参数 Options 可以为-f，作用是强制删除一个正在运行的容器。

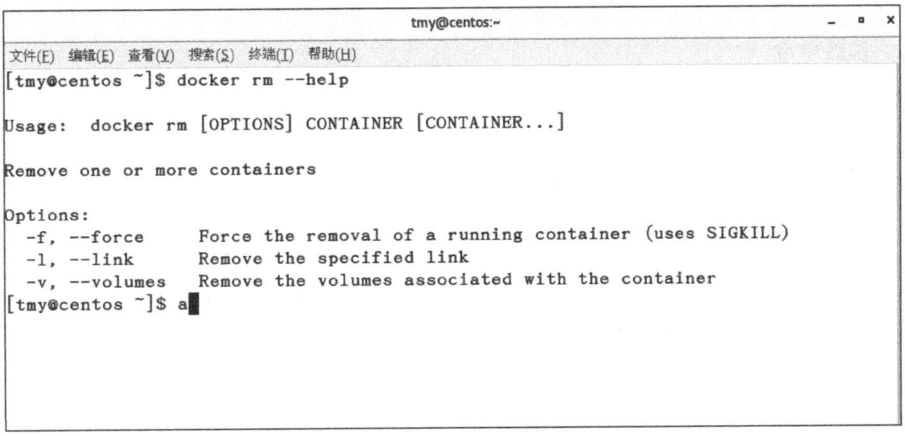

图 7-7　docker rm --help 命令的执行结果

2. 镜像命令

```
docker images        # 查看 Docker 镜像
docker images -a     # 列出本地所有的镜像
docker images -p     # 只显示镜像 ID
docker images -digests   # 显示镜像的摘要信息
docker images --no-trunc  # 显示完整的镜像信息
docker search tomcat   # 从 Docker Hub 上查找 tomcat 镜像
docker rmi xxx     # 删除镜像，其中"xxx"为镜像名称
```

常用的镜像操作有查找、下载、查看及删除，假设现在要查找一个 redis 镜像并下载，最后删除此镜像，操作步骤如下。

① 查找镜像

```
docker search redis
```

②下载镜像

```
docker pull redis    # 如果不写版本号，默认为最新的 Ubuntu 版本
```

③删除镜像

```
docker rmi id    # 该 id 为镜像的 id，可以通过执行 docker images 命令查看
```

下载 redis 镜像时会下载多个文件，因为每个镜像都是一层层堆叠起来的，缺少什么内容就下载什么，这和传统软件的下载有很大的区别，如图 7-8 所示。

```
[root@centos tmy]# docker pull redis
Using default tag: latest
latest: Pulling from library/redis
bb263680fed1: Downloading   5.516MB/31.41MB
bb263680fed1: Downloading   11.69MB/31.41MB
51afc2cce3df: Download complete
817f7e347ebd: Download complete
ab1a1215d5f9: Download complete
db7c27bf3552: Download complete
```

图 7-8  下载 redis 镜像

3. 容器命令

```
docker ps    # 列出当前所有正在运行的容器
docker ps -a    # 列出所有的容器
docker ps -l    # 列出最近创建的容器
docker ps -n 3    # 列出最近创建的 3 个容器
docker ps -q    # 只显示容器 ID
docker ps --no-trunc    # 显示当前所有正在运行的容器的完整信息
exit    # 退出并停止容器运行
Ctrl+p+q    # 只退出容器，不停止容器运行
docker start    # 通过容器 ID 或容器名称启动容器
docker restart    # 通过容器 ID 或容器名称重新启动容器
docker stop    # 通过容器 ID 或容器名称停止容器运行
docker kill    # 通过容器 ID 或容器名称强制停止容器运行
docker rm    # 通过容器 ID 或容器名称删除容器
docker rm -f    # 通过容器 ID 或容器名称强制删除容器
docker rm -f $(docker ps -a -q)    # 删除多个容器
docker logs -f -t --since -tail    # 通过容器 ID 或容器名称查看容器日志
```

常用的容器命令有创建、查看和删除。假设需要创建一个 ubuntu 容器，容器名称为 test1，在创建之后查看所创建的容器。创建并查看 ubuntu 容器如图 7-9 所示，通过执行 docker run 命令可以创建容器，--name 后面的 test1 为用户自定义名称，ubuntu 是需要创建的镜像。创建完成后可以通过执行 exit 命令退出容器。通过执行 docker ps 命令查看正在运行的容器，如果运行结果为空则表示没有正在运行的容器。在命令中加上 -a 参数（即 docker ps -a 命令）可以列出所有的容器。

```
[root@centos tmy]# docker run -it --name test1 ubuntu /bin/bash
root@8e64f52dd302:/#
root@8e64f52dd302:/#
root@8e64f52dd302:/# exit
exit
[root@centos tmy]# docker ps
CONTAINER ID    IMAGE       COMMAND         CREATED         STATUS              PORTS       NAMES
[root@centos tmy]# docker ps -a
CONTAINER ID    IMAGE       COMMAND         CREATED         STATUS              PORTS       NAMES
8e64f52dd302    ubuntu      "/bin/bash"     31 seconds ago  Exited (0) 9 seconds ago        test1
[root@centos tmy]#
```

图 7-9 创建并查看 ubuntu 容器

## 7.2 Kubernetes 概述

Kubernetes 是一个开源的容器集群管理系统，可以实现容器集群的自动化部署、自动扩缩容、维护等功能。

### 7.2.1 什么是 Kubernetes

"Kubernetes"源于希腊语，意为"舵手""飞行员"。Kubernetes 的简称为 K8s，因为在 K 和 s 之间有 8 个字符。Kubernetes 是一个跨越多个主机的容器集群管理系统，它为容器化的应用程序提供了丰富的管理机制，如自动扩缩容、滚动部署、计算资源和存储卷管理等。Kubernetes 与容器具有相同的天然属性，它被设计为可以在任何地方运行，因此它可以运行在裸机、数据中心内部或公有云上，也可以在混合云中运行。

Kubernetes 是一个轻便的、可扩展的开源平台，用于管理容器化应用程序的服务。通过 Kubernetes 能够进行应用程序的自动化部署、扩缩容。Kubernetes 会将组成应用程序的容器组合成一个逻辑单元，以便更容易进行管理和发现。Kubernetes 经过这几年的快速发展已经形成了一个较大的生态环境。

Kubernetes 提供了接口和可组合的平台原语（在 Kubernetes 中，平台原语指构成 Kubernetes 平台的基本组件和核心功能），使用户能够以高度的灵活性和可靠性定义及管理应用程序。简单总结，它具有以下几个重要特性。

① 自动装箱：构建于容器之上，基于资源依赖及其他约束自动完成容器部署且不影响其可用性，并通过调度机制将关键型应用程序和非关键型应用程序的工作负载于同一节点进行混合以提升资源利用率。

② 自我修复：当节点故障时，重新启动失败的容器并替换和重新部署，保证预期的副本数量；杀死健康检查失败的容器，并且在准备好之前不会处理客户端请求，确保线上服务不中断。

③ 水平扩展：既支持通过简单命令或用户界面（UI）手动进行水平扩展，又支持基于 CPU 等资源负载率的自动水平扩展机制。

④ 服务发现和负载均衡：Kubernetes 通过其附加组件之一的 KubeDNS（或 CoreDNS）为系统内置了服务发现功能，它会为每个 Service 配置 DNS 名称，并允许集

群内的客户端直接使用此名称发出访问请求，而 Service 则通过 iptables 或 IPVS（IP 虚拟服务器）内建负载均衡机制。

⑤ 自动发布和回滚：Kubernetes 支持"灰度"更新应用程序或其配置信息，它会监控更新过程中应用程序的健康状态，以确保它不会在同一时刻结束所有实例，而在此过程中，一旦有故障发生，就会立即自动执行回滚操作。

⑥ 密钥和配置管理：Kubernetes 的 ConfigMap 实现了配置数据与 Docker 镜像解耦，需要时，可以仅对配置进行变更而无须重新构建 Docker 镜像，这为应用程序的开发与部署带来了很大的灵活性。此外，对于应用程序所依赖的一些敏感数据，如用户名和密码、令牌、密钥等信息，Kubernetes 专门提供 Secret 对象为其解耦，既为应用程序的快速开发和交付提供了便利，又提供了一定程度上的安全保障。

⑦ 存储编排：Kubernetes 支持 Pod（Pod 是 K8s 的最小部署单元）根据需要自动挂载不同类型的存储系统，这包括节点本地存储、公有云服务商的云存储（如 AWS 和 GCP 等），以及网络存储系统（如 NFS、iSCSI、GlusterFS、Ceph、Cinder 和 Flocker 等）。

⑧ 批量处理执行：除了服务型应用程序，Kubernetes 还支持批处理作业及持续集成（CI），如果需要，同样可以实现容器的故障恢复。

Kubernetes 的设计思想旨在削减传统系统架构中和业务无关的底层代码或功能模块，用户不必再费心于负载均衡器的选型和部署实施问题，不必再考虑引入或自己开发一个复杂的服务治理框架，不必再为服务监控和故障处理模块的开发投入过多精力。使用 Kubernetes 可以节省不少于 30% 的开发成本，还可以将精力集中于业务本身，而且由于 Kubernetes 具有强大的自动化机制，系统后期的运维难度和运维成本将大幅度降低。

图 7-10 显示的是 Kubernetes 的主要核心组件及组件间的关系。Kubernetes 集群由 Master 节点和 Node 组成，Master 节点指集群控制节点，对整个集群进行管理和控制，基本上，Kubernetes 的所有控制命令都会发给它，它负责具体的命令执行过程。Master 节点以外的节点被称为 Node 或者 Worker 节点，每个 Node 都会被 Master 节点分配一些工作负载（Docker 容器）。当某个 Node 死机时，该节点上的工作负载会被 Master 节点自动转移到其他节点上。

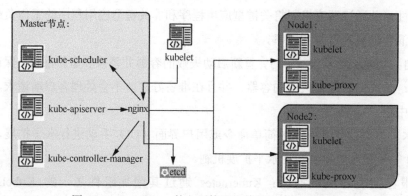

图 7-10 Kubernetes 的主要核心组件及组件间的关系

① kube-scheduler：负责资源的调度，按照预定的调度策略将 Pod 调度到相应的机器上。

② kube-apiserver：提供了资源操作的唯一入口，并提供认证、授权、访问控制、API 注册和发现等机制。

③ kube-controller-manager：负责维护集群的状态，如故障检测、自动扩展、滚动更新等。

④ nginx：将 nginx 部署在 Master 节点上作为反向代理或负载均衡器，以提供额外的功能或增强集群的安全性。

⑤ kubelet：负责维持容器的生命周期，同时也负责对卷（Volume）和网络进行管理。

⑥ etcd：保存整个集群的状态。

⑦ kube-proxy：负责为 Service 提供集群内部的服务发现和负载均衡。

### 7.2.2 Kubernetes 和 Docker

Kubernetes 和 Docker 是两种互补的技术。比如，通常人们会使用 Docker 进行应用程序的开发，然后使用 Kubernetes 在生产环境中对应用程序进行编排。在这样的模式中，开发者使用自己喜欢的计算机编程语言来编写代码，然后用 Docker 进行打包、测试和交付。但是最终在测试环境或生产环境中运行的过程是由 Kubernetes 来完成的。

Docker Compose 和 Docker Swarm 与 Kubernetes 功能相似。Docker Compose 是用来管理容器的，有了 Docker Compose，用户只需要编写一个文件，在文件里面声明要启动的容器，配置一些参数后执行该文件，Docker 就会按照用户声明的配置去启动所有的容器，但是 Docker Compose 只能管理当前主机上的容器，即无法启动其他机器上的容器。Docker Swarm 是一款用来管理多主机上的容器的工具，可以帮助用户启动容器、监控容器状态，如果容器的状态不正常则会重新启动新的容器来为用户提供服务，同时也提供服务之间的负载均衡，以上功能 Docker Compose 无法实现。Docker Swarm 的角色定位和 Kubernetes 一样，只不过一个是由 Docker 公司研发，另一个是由谷歌公司研发，两者各有特点。而 Docker Swarm 在与 Kubernetes 的竞争中已逐渐失势，学习 Kubernetes 变得更加重要。

## 7.3 微服务

因业务的发展新趋势与技术架构的更新等综合因素，新的产品架构被期望能向轻量级、高并发、大数据、智能化、易维护、动态扩展等方向发展，这就体现出微服务的重要性。

### 7.3.1 什么是微服务

微服务最早由马丁·福勒与詹姆斯·刘易斯于 2014 年共同提出，微服务是一种使用一组小的服务来开发单个应用程序的架构，每个服务运行在自己的进程中，并使用轻量级的通信机制。这些服务是基于业务能力构建的,并能够通过自动化部署机制来独立部署,这些服务使用不同的计算机编程语言和数据存储技术,并保持最低限度的集中式管理。

微服务是一种架构,这种架构将单个应用程序分割成更小的项目关联的独立服务。一个独立服务通常实现一组独立的功能,包含自己的业务逻辑和适配器。各个微服务之间的关联通过暴露 API 来实现。这些独立的微服务不需要部署在同一个虚拟机上,也不需要部署在同一个系统和同一个应用服务器中。

软件系统架构演进如图 7-11 所示。

图 7-11　软件系统架构演进

**1. 单体架构**

单体架构将所有的业务逻辑和控制逻辑写入同一个项目,一个程序包含了所有的相关功能。单体架构的 ERP 系统如图 7-12 所示,假设在一个企业资源计划(ERP)系统中包含了商品模块、订单模块、销售模块、库存模块、报表统计等。单体架构基本解决了所有的简单问题,由于在开发时,所有业务代码都在一起,在进行测试的时候不需要联调各种服务,因此发布与维护较易。但在每次修改代码时都可能产生隐含的缺陷,哪怕仅是添加一个简单的功能,或者修改一个代码错误。一旦某个模块出现问题,系统会全盘崩溃。如果想为某个具体模块提升性能,难度也比较大。

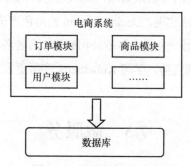

图 7-12　单体架构的系统

单体架构适合系统规模较小的情况,但是随着系统规模的扩大,它暴露出来的问题越来越多,主要有复杂性逐渐变高、技术债务逐渐增加、部署速度逐渐变慢、阻碍技术创新、无法按需伸缩。总体而言,单体架构的前期开发成本较低、开发周期较短,适合小型项目。对于大型项目来说,单体架构不易进行开发、扩展和维护;技术栈受限,只能使用一种计算机编程语言开发;只能通过扩展集群节点进行系统性能扩展,成本较高。

## 2. SOA

随着业务系统越来越复杂,单体架构被垂直拆分为 SOA。SOA 可以根据需求通过网络对松散耦合的粗粒度应用组件(服务)进行分布式部署、组合和使用。SOA 是一种常见的分布式服务架构,它对应用程序的不同功能单元进行拆分,并通过服务(不同功能单元)之间定义明确的接口和协议联系起来,进而实现跨服务单元/系统交互的能力。

一个服务通常以独立的形式存在于操作系统进程中。从架构上来说,将重复功能或模块抽取成组件的形式对外提供服务,在项目与服务之间使用企业服务总线(ESB)作为通信的桥梁。而 ESB 就是一根管道,用来连接各个服务节点。为了集成不同系统或不同协议的服务,ESB 进行了消息的转化解释和路由工作,让不同的服务之间互联互通。SOA 的系统如图 7-13 所示。

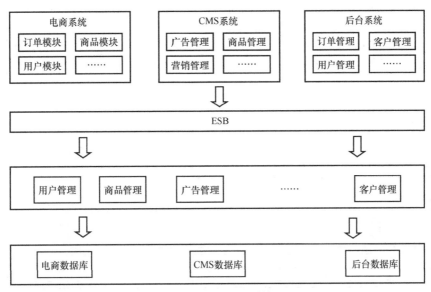

图 7-13 SOA 的系统

SOA 仍存在一些问题,比如每一个拆分之后的服务"依然还是单体服务",有些在每个模块中都会使用的公共模块没有被拆分(导致 ESB 变得比较复杂)。SOA 的优劣势见表 7-2。

表 7-2　　　　　　　　　　　　　SOA 的优劣势

| 优势 | 劣势 |
| --- | --- |
| 服务解耦 | 较为复杂的 ESB |
| 服务隔离性较好 | 业务逻辑侵入 ESB |
| 可以进行持续集成和部署 | ESB 故障的影响范围较广 |
| 可进行容器测试和运维 | 扩展性一般 |
| 集中式的服务治理 | 开发周期较长 |
| 架构较简单 | 适中的响应时间,吞吐量较低 |

3. 微服务

如果不仅对单体架构进行垂直拆分，同时进行水平拆分，将得到微服务的架构模式。微服务强调"业务需要彻底的组件化和服务化"，将原有的单个业务系统拆分为多个可以进行独立开发、设计、运行的小应用程序。在这些小应用程序之间通过服务完成交互和集成。

从本质上看，微服务还是 SOA 架构，但内涵有所不同，微服务并不绑定某种特殊的技术。一个微服务系统可以有使用 Java 编写的服务，也可以使用 Python 编写的服务，依靠 RESTful 将它们统一为一个系统，也就是说，微服务本身与具体的技术实现无关，扩展性较强。

微服务本质是在将 ESB 移除之后，得到更为轻量化和松耦合的服务，并把 ESB 的控制逻辑通过采用软件开发工具包（SDK）注入每个微服务中，进行服务控制和治理，架构更为分布式。微服务系统如图 7-14 所示。

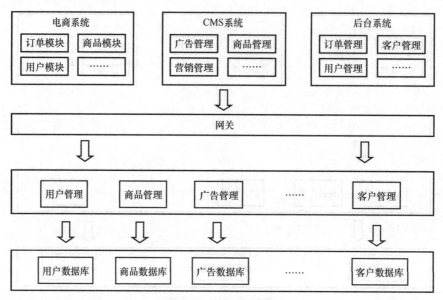

图 7-14  微服务系统

微服务的优势如下。

① 将复杂的业务拆分成多个业务，每个业务均是一个独立的微服务，达到彻底去耦合的目的，利于分工，当需要增加业务的时候，可以方便地创建新的微服务扩展业务，无须担心没有彻底耦合。

② 每个微服务均为独立部署，如果其中一个微服务死机，不会影响整个系统；在进行功能变更时，可以方便地进行服务部署；在流量增大后，可以对服务进行集群化部署，增强抗击高并发的能力。

③ 每个微服务可以使用不同的计算机编程语言和不同的数据库。

微服务架构也存在着一些劣势，具体如下。

① 从复杂程度来看，微服务比单体架构更复杂，服务部署也更为复杂。

② 在服务之间使用 HTTP 通信，通信成本比单体项目高。

总体而言，微服务适用于复杂的大型项目、快速迭代的项目、并发高的项目，如果是规模较小的项目，更适合使用单体架构。

### 7.3.2 微服务和 Docker

基于 Docker 容器和其生态系统的微服务是下一代 PaaS 的核心。在 Docker 出现之前，微服务架构很难实现。想要运行微服务，首先需要合适的执行环境，该环境不能对外部有依赖性。同时，执行环境的粒度必须足够细，这样才能被称为"微"，否则必然是对资源的巨大浪费。一个微服务可以在一台虚拟机上运行，但是虚拟机的粒度较粗，即使最细粒度的虚拟机，至少也有 1 个内核。服务一个用户，显然用不了 1 个内核。同时，虚拟机也没有一套方便的管理机制，能够快速地在这些服务之间进行组合和重构。

在 Docker 出现后，非常适合微服务的执行环境出现了。一个容器就是完整的执行环境，不依赖于外部，具有足够的独立性。一台物理机器可以同时运行成百上千个容器，其计算粒度足够细。容器可以在秒级别进行创建和销毁，非常适合服务的快速构建和重组。数量众多的容器编排管理工具，能够快速地实现服务间的组合和调度。

借助 Docker，可以使应用程序独立于主机环境。因为采用了微服务架构，所以可以将每个服务封装至 Docker 容器中。Docker 容器是轻量级的，并且资源之间相互隔离，通过它可以构建、维护、发布和部署应用程序。

## 7.4 桌面虚拟化的概念与发展

桌面虚拟化是指对计算机的终端系统（也被称为桌面）进行虚拟化，以达到足够的安全性和灵活性，使用任何设备在任何地点、任何时间通过网络可以访问属于个人的桌面系统。

从 IT 技术的诞生到推广，伴随着用户使用与 IT 管理之间的矛盾。在早期的大型机时代，用户的使用与 IT 管理都位于机房内，用户的使用较为不便，但是管理员的管理工作相对简单；直到个人计算机的出现，用户才无须去机房工作，可以更方便地使用 IT 技术，但是管理员的管理工作变得更加复杂。随着个人计算机的分散化，管理工作也逐渐分散化，即使网络的出现使管理工作可以通过网络完成，但是成功率依然比较低，管理能力有限。虚拟桌面技术的出现成功解决了这一问题，用户可以远程访问桌面系统，获得与使用个人计算机完全一致的体验，管理员也只需要在数据中心就可轻松完成所有的管理工作。桌面虚拟化的实质就是对用户的使用和 IT 管理进行有效分离。

桌面虚拟化作为云计算的一种方式，由于将所有的计算都放在了服务器上，因此对终端设备的要求大大降低，不再需要传统的台式计算机、笔记本电脑等设备。智能手机、个人计算机和电视等都成为可用设备，而这些恰恰是云计算的"灵魂"所在。在桌面虚拟化技术的推动下，未来的企业IT可能会更像一个电视网络，变得更加灵活、易用。

在了解桌面虚拟化技术之前，需要先了解桌面虚拟化技术的发展历程，可以简单将其分为以下阶段。

（1）大型机时代

在刚出现大型机时，其价格比较昂贵，但计算能力较强，当时有人提出将一台机器当作多台机器使用的想法。不过该想法并不是真正意义上的桌面虚拟化技术，而是依赖于系统的多用户的多任务形态，例如Linux、UNIX和Windows操作系统的服务器版本就可以支持多用户形态。

（2）共享器（终端机）时代

共享器指一个服务器承载一个操作系统，通过微软的协议远程分发给终端用户，终端用户只需要通过一个"简单的盒子"就可以获取桌面。桌面虚拟化和共享器看起来很相似，但二者并不是完全相同，桌面虚拟化指一个服务器承载若干个系统，通过专有的桌面协议分发给终端用户。这两个差别决定了两个产品的定位不同，共享器在流行了一段时间后逐渐退出市场。

（3）桌面操作系统虚拟化

桌面操作系统虚拟化可以等同于以VMware Workstation和微软的计算机虚拟化技术（VPC）的方式实现桌面操作系统。开发人员和测试人员经常使用这种方式。在虚拟化技术刚起步的时候，一些厂商将这种方式定义为桌面虚拟化技术。这种桌面虚拟化技术可以被认为是用于个人计算机的操作系统上的虚拟化解决方案，只是与服务器虚拟化存在简单的区别，其本身解决的仍然是操作系统的安装环境与运行环境的分离问题，不依赖于特定的硬件。但不可否认的是，其实桌面虚拟化技术并不一定都是对操作系统进行虚拟化，因此在服务器虚拟化技术成熟之后，出现了真正的桌面虚拟化技术。

（4）第一代桌面虚拟化技术

第一代桌面虚拟化技术，真正意义上将远程桌面的远程访问能力与虚拟操作系统进行结合，使桌面虚拟化在企业中的应用成为可能。

首先，服务器虚拟化技术的成熟，以及服务器计算能力的增强，使服务器可以提供多台桌面操作系统的计算能力，以当前4核双CPU的至强处理器16GB内存服务器举例，如果为用户的Windows XP操作系统分配了256MB的内存，一台服务器可以支撑50～60个桌面的运行；如果桌面集中使用虚拟桌面，那么50～60台桌面的采购成本将高于服务器的成本，而还未计算管理成本，所以服务器虚拟化技术的出现，使桌面虚拟化技术在企业中的大规模应用成为可能。

当然，如果只是把在台式计算机上运行的操作系统转变为在服务器上运行的虚拟机，而用户无法访问，任何人都无法接受这一点。所以桌面虚拟化技术的核心与关键是使用户在任何时间、任何地点都能够使用任何可联网设备访问自己的桌面，即拥有远程网络访问能力。而这又回到了和应用虚拟化的共同点——远程访问协议的高效性上。

提供桌面虚拟化解决方案的主要厂商包括微软、VMware、Citrix，它们使用的远程访问协议主要有 3 种。第 1 种协议为早期由 Citrix 开发的、后来被微软购买并集成在 Windows 操作系统中的远程桌面协议（RDP），该协议被微软的桌面虚拟化产品使用，基于 VMware 的 Sun Ray 等硬件产品也使用 RDP。第 2 种协议是由 Citrix 开发的独有的独立计算结构（ICA）协议，Citrix 的应用虚拟化产品与桌面虚拟化产品使用该协议。第 3 种协议是由加拿大的 Teradici 公司开发的 PCoIP 协议，应用于 VMware 的桌面虚拟化产品中，用于提供更好的虚拟桌面的用户体验。

协议效率决定了虚拟桌面的用户体验，而用户体验是决定桌面产品生命力的关键（微软的成功与 Windows Vista 的没落都证明了这一点）。从官方提供的文档与实际测试来看，通常情况下，ICA 协议要优于 RDP 和 PCoIP 协议，需要 30～40Kbit/s 的带宽，而 RDP 的占用带宽为 60Kbit/s，这些都不包括看视频、玩游戏及 3D 制图状态下的带宽占用率。

值得特别强调的是，以上 3 家厂商后台的服务器虚拟化技术分别是微软采用 Hyper-V，VMware 使用 vSphere，Citrix 可以使用 XenServer、Hyper-V 和 vSphere。

（5）第二代桌面虚拟化技术

第一代桌面虚拟化技术实现了远程操作和虚拟技术的结合，成本降低使桌面虚拟化技术的普及成为可能，但是影响桌面虚拟化技术普及的因素不仅是采购成本，管理成本和效率也是非常重要的因素。

纵观 IT 的应用历史，从最早的主机—亚终端集中模式，到个人计算机分布模式，再到今天的虚拟桌面模式，其实是计算使用权与管理权的博弈过程。最开始的主机—亚终端集中模式采用集中管理，但是应用困难，用户必须在机房中使用。个人计算机时代来临，所有计算都在个人计算机上进行，但是 IT 的管理工作也变成了分布式的，这也是 IT 部门的桌面管理员承受巨大压力的原因，需要对所有用户的个人计算机进行分布式管理，管理成本大幅度上升。桌面虚拟化技术将用户操作环境与系统的实际运行环境拆分，既满足了用户的灵活使用需求，又帮助 IT 部门实现了集中控制，从而解决了这一问题。但如果只是将 1000 台员工的个人计算机变成 1000 台虚拟机，那么可能并没有减轻 IT 管理员的管理压力，只是方便进行集中式管理。

为了提高管理效率，第二代桌面虚拟化技术进一步将桌面系统的实际运行环境与用户操作环境拆分，同时进行应用程序与桌面系统、配置文件的拆分，从而大大降低了管理复杂度与成本。

简单来计算一下，如果一个企业共有 200 个用户，在不进行拆分的情况下，IT 管理员需要管理 200 个镜像（其中包含安装的应用程序与配置文件）。而如果进行桌面系统与应用程序还有配置文件的拆分，假设有 20 个应用程序，使用应用虚拟化技术，不用在桌面系统中安装应用程序，动态地将应用程序组装到桌面上，则管理员只需要管理 20 个应用程序；而配置文件也可以使用 Windows 操作系统的内置功能，且将文件数据都保存在文件服务器上，这些信息不需要管理员管理，那么管理员只需要管理一个文件服务器即可。而应用程序和配置文件的拆分，使 200 个用户使用的操作系统都是没有差别的 Windows 操作系统，则管理员只需要管理一个镜像（用这一个镜像生成 200 个虚拟操作系统，简单来讲，可以将其理解为类似于无盘工作站的模式）。所以总体而言，IT 管理员只需要管理 20 个应用程序，1 个文件服务器和 1 个镜像，管理复杂度大大降低。

这种拆分也大大减少了对存储的需求量，降低了设备购置和维护成本。更重要的是，从管理效率上看，管理员只需要对 1 个镜像或者 1 个应用程序进行打补丁或者升级，随后所有的用户都会获得更新后的结果，提高了系统的安全性和稳定性，工作量也大大减少。

## 7.5 桌面虚拟化的技术实现

随着桌面虚拟化技术的发展，实现桌面虚拟化的技术有许多种。在目前的市场上，主要的"云桌面"有虚拟桌面基础架构（VDI）、智能桌面虚拟化（IDV）、透明终端架构（TCI）和远程桌面服务（RDS），每种架构都有着自己的特点及时代特性。接下来就让我们一起来学习桌面虚拟化的技术实现方式。

### 7.5.1 VDI

VDI 是一种虚拟化解决方案，其使用虚拟机提供和管理虚拟桌面。VDI 将桌面托管在一个集中式服务器上，并根据请求将其部署到最终用户计算机，可以使用端点设备（笔记本电脑、平板电脑等）通过网络进行访问。

部署 VDI 后，企业可以获得许多优势。桌面计算在主机服务器上进行，而并非在端点设备上进行，因此对端点设备的硬件要求较低，从而减少对端点设备的投资，而且为远程支持移动设备带来了便利。随着桌面软件的硬件需求发生变化，从服务器端重新分配 CPU 和内存可能比从端点设备重新分配更容易。

安全性保证和配置管理是 VDI 的额外优势。由于所有数据都位于数据中心外，因此任何端点设备丢失都可能导致未存储的数据被泄露。在采用标准化桌面配置的环境中，VDI 实例可提供严格的控制，以消除与组织标准相比产生的偏差。

VDI 架构的两个主要数据中心组件是虚拟机管理程序和连接代理。虚拟机管理程序首先将物理硬件与逻辑操作系统分离，后者驻留在数据中心服务器上，允许一个物理服务器提供多个虚拟桌面。连接代理是将每个桌面用户连接到各个桌面实例的软件网关外。无论端点设备如何,硬件虚拟化层都会对每个用户进行身份验证。VDI 架构如图 7-15 所示。

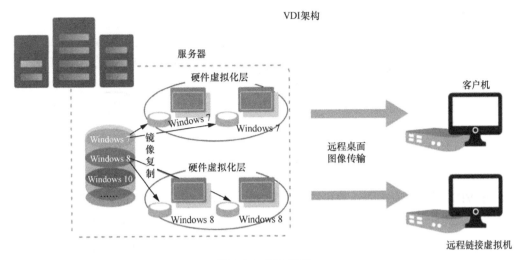

图 7-15 VDI 架构

与其他数据中心的工作负载相比,桌面使用模式的可预测性往往较差,而且很难预测来自虚拟桌面的核心工作负载的资源争用情况。传统上,在组织中部署 VDI 会与专用的硬件 PoD 相关联,该硬件 PoD 包含为支持一定数量的虚拟桌面而构建的指定计算机、网络和存储硬件。将此 PoD(连接到指定存储设备的专用主机数量)与其他系统分开,以确保桌面工作负载的波动不会干扰数据中心的其他工作负载,确保 VDI 环境和核心应用程序的性能始终可预测。这种隔离还会限制最终用户计算机和应用程序工作负载之间的故障范围。

VDI 的优点为集中运维管理效率高;桌面移动性好(接入灵活);数据集中存储安全性高;桌面迁移和容灾备份可靠性高;企业级特性丰富;扩展性良好。

VDI 的缺点为网络环境依赖度高(稳定性和带宽);外部设备兼容性一般。

### 7.5.2 IDV

IDV 是一种基于服务器的计算模型,并且借用了传统的瘦客户端模型,使管理员与用户能够同时获得两种方式的优点,即将所有桌面虚拟机在数据中心中进行托管并进行统一管理;同时用户能够获得完整个人计算机的使用体验,即用户可以通过瘦客户端或者类似的设备在局域网中或者通过远程访问获得与传统个人计算机一致的用户体验。

大部分的桌面虚拟化方式需要对主要基础设施进行投资,需要面对移动办公和终端用户性能方面的挑战,并产生大量与集中管理相关的问题。借助服务器托管的 VDI 在部署方面也会面临诸多困难,而且其成本十分高昂。因此,英特尔公司提出了一种革新性的框架——IDV,它使管理用户计算的整个系统变得更加智能,而且能够在最大程度地提升用户体验的同时为 IT 人员提供所需要的管理功能。IDV 这种全新概念,描述了可使

IT人员和终端用户双赢的计算和桌面管理态。IDV架构如图7-16所示。

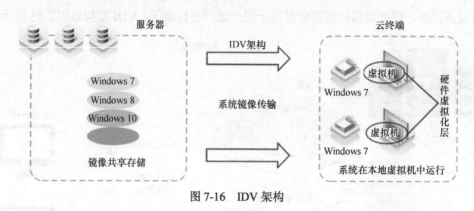

图7-16　IDV架构

与VDI下的所有桌面计算资源高度集中在数据中心中、由界面发送至终端设备不同，IDV更倾向于采取分布式方法以满足运营技术需求，同时集中和简化管理功能和部署功能。VDI通常会带来显著挑战，包括前期成本、存储相关的技术挑战、不确定的总拥有成本（TCO），以及在多数情况下对网络的依赖使脱机使用变得十分困难。在不进行大量资金投入、不对现有桌面管理实践进行规模改造且不影响用户体验的前提下，通过IDV即可突出桌面虚拟化的优势。借助IDV，不需要进行基础设施的投入即可快速而方便地利用桌面虚拟化技术。

IDV的优点有：① 集中管理和本地执行，将数据中心新构建量减至最少，同时利用智能客户端的处理能力，优化用户体验。即使对于服务器托管的VDI，通过多媒体重定向的本地执行也能提供更好的用户体验，提高服务器上的虚拟机密度。更高级别的本地执行可提供更佳的性能，并能降低成本。② 智能化提供层映像，从而提高更新和补丁操作水平、简化存储并避免映像漂移。当IT人员将桌面映像分成多个逻辑层时，可独立管理每一层，并能最大程度地减少映像数量。智能传输要求在计算机上运行的本地映像与中央映像同步，从而确保终端用户和IT人员可以随时使用黄金映像。此外，还需要使用去重复技术增强映像的同步能力和存储能力，以最大程度地减少存储和网络带宽需要。③ 使用带外模式访问设备，提供独立于操作系统的管理性，并强化安全性。

IDV的缺点为安全性略差于VDI；灵活性较差，不支持按需分配和多终端接入。

### 7.5.3　TCI

TCI作为英特尔公司在2020年提出的最新一代架构模式，它将解决方案分为服务器、客户端及传输网络3部分。云端服务器对客户端所需要的软件进行保存、维护和分发；客户端通过端到端的软件部署方案，依靠本地硬件而非虚拟化方式运行相应软件；软件系统通过网络来进行分发等工作，使用户一开机即可体验到完整的计算机工作环境。

TCI是基于固件开发的，整个开发过程并不需要经过虚拟化，在实际使用中，性能体验也与个人计算机端完全相同，兼容性更强。同时，它提供了基于账户的个性化配置能力，解除了用户和终端设备间的绑定，不但可以实现用户软件的个性化定制，还能保留个性化数据，且能在不依赖硬件账户的前提下进行数据迁移。TCI 的出现，从架构上彻底解决了性能损耗这一桌面云难题，搬走了用户使用桌面云的最后一块绊脚石。

目前，多个英特尔的合作伙伴都推出了基于 TCI 的超能云终端产品，并面向教育、医疗、金融等行业，推出了基于 TCI 的行业应用解决方案。

例如，在教育行业，TCI 能够实现灵活的场景切换，满足不同教师的个性化课件展示要求，并支持机房的各类专业化教学应用，最大程度地降低了 IT 的运维难度；在医疗行业，TCI 可以灵活应对科室的复杂环境，实现医生门诊、护士工作站点、医疗窗口、专业医疗部门的无接触运维，支持外接各类专业医疗设备与打印设备；在金融行业，TCI 能够解决金融终端设备对服务器和网络的依赖问题，满足金融行业各类应用场景下的外部设备兼容性要求，并实现了集中管理。

### 7.5.4 RDS

RDS 是云计算技术之一，属于共享云桌面，所有人共用一个操作系统，它也是 RDP 的升级版，其所连接的 Windows 操作系统桌面的体验效果、稳定性、安全性总体比 RDP 更好，适合简单办公、教学等应用场景，以及展厅、阅览室、图书馆等场所，即适合无软件兼容要求且网络稳定的应用场景和场所。用户可以使用的设备有云终端、瘦客户机、平板电脑、手机、笔记本电脑、个人计算机等。

RDS 是在 Windows 上创建多个操作系统，通过 RDP 连接至不同用户，将计算和存储能力集中在服务端，用户端通过桌面连接协议远程访问服务端的用户系统。

RDS 的优点包括进行集中化运行管理和数据管理的安全性较好；不需要单独购买云桌面软件，设备购置成本较低。RDS 的缺点包括硬件资源共享，定制能力较差；对网络的依赖度较高；对重载软件的支持较差；外部设备的兼容性一般。

## 习 题

1. 简述什么是容器。
2. 简述 Kubernetes 的作用。
3. 简述什么是桌面虚拟化。
4. 概述桌面虚拟化和云桌面之间的区别。

# 第8章
# OpenStack

8.1　OpenStack的发展历程

8.2　OpenStack的简介及特点

8.3　OpenStack的组件

8.4　OpenStack应用实例

习题

　　OpenStack 是一个开源的云计算管理平台项目,是一系列软件开源项目的组合,它提供了一个部署云的操作平台或工具集,由美国国家航空航天局(NASA)和 Rackspace 公司合作研发。OpenStack 是一个灵活的、能够整合多个系统的组件集合,它通过统一的管理接口对云平台中的资源(如存储、虚拟机、网络等)进行管理,使用 OpenStack 能够搭建包括公有云、私有云、混合云的 IaaS 云平台。本章首先介绍了 OpenStack 的发展历程及特点,之后介绍了 OpenStack 的组件,如 Nova、Swift 和 Neutron。最后介绍了 OpenStack 的应用实例。

## 8.1　OpenStack 的发展历程

　　OpenStack 诞生于 2010 年,自诞生以来,该项目在云计算领域中的发展十分迅速。如今,OpenStack 已经成为最流行的构建云平台的开源项目之一。到 2021 年 1 月为止,OpenStack 所发布的版本具体如下。

　　2010 年发布的 Austin 版本主要包含 Swift 和 Nova 两个子项目,Swift 是对象存储模块,Nova 是计算模块。该版本不仅带有一个简单的控制台,允许用户通过 Web 接口管理计算和存储,还带有一个部分实现的镜像文件管理模块。

　　2011 年 2 月发布的 Bexar 版本补充了 Glance,它在许多方面与计算和存储有交集。

　　2011 年 4 月发布的 Cactus 版本添加了虚拟化功能和自动化功能。

　　2011 年 9 月发布的 Diablo 版本增加了新的图形化用户界面和统一身份识别管理系统。

2012 年 4 月发布的 Essex 版本增加了两个新核心项目，分别是用于用户界面操作的 Horizon 和用于用户身份认证的 Keystone。

2012 年 9 月发布的 Folsom 版本将 Nova 项目中的网络模块和块存储模块剥离出来，增加了 Quantum 和 Cinder。

2013 年 4 月发布的 Grizzly 版本新增了涉及计算、存储、网络和共享服务等方面的多个功能。

2013 年 10 月发布的 Havana 版本首次提出了集成项目的概念，并集成了用于监控和计费的 Ceilometer 项目和用于编配的 Heat 项目。此外还完成了多个特性计划，并进行了很多补丁修复。

2014 年 4 月发布的 Icehouse 版本提高了项目的稳定性与成熟度，提升了用户体验，特别是针对存储方面。该版本加入了 Trove 项目来提供数据服务。

2014 年 10 月发布的 Juno 版本新增了围绕 Hadoop 和 Spark 集群管理和监控的自动化服务，且支持软件开发、大数据分析和大数据应用架构等。该版本标志着 OpenStack 正在向成熟云平台快速演进。

2015 年 4 月发布的 Kilo 版本除了增加了对新模块的支持，还从提升用户体验的角度带来了很多新功能，为 OpenStack 提供裸金属管理服务的 Ironic 的完全发布提高了互操作性。

2015 年 10 月发布的 Liberty 版本更加精细的访问控制和更简洁的管理功能非常亮眼。这些功能直接满足了 OpenStack 运营人员的需求。

2016 年 4 月发布的 Mitaka 版本聚焦于可管理性、可扩展性和终端用户体验这 3 个方面。

2016 年 10 月发布的 Newton 版本推出了 Ironic 裸金属开通服务、Magnum 容器编排集群管理器等一系列新功能。

2017 年 2 月发布的 Ocata 版本强调统一云平台的管理。

2017 年 8 月发布的 Pike 版本主要对组件和功能进行了升级。

2018 年 2 月发布的 Queens 版本发布了一些强大的面向企业的功能，其中最引人注目的是 Cinder 中的 Multi-Attach 功能。该版本还对多项旧功能进行了增强与优化，包括对虚拟图形处理单元（GPU）的支持和对容器集成的改进。

2018 年 8 月发布的 Rocky 版本旨在解决基础设施的新需求，即在人工智能、机器学习、NFV 和边缘计算等使用场景的驱动下，对原始功能进行升级，支持各种硬件架构。

2019 年 4 月发布的 Stein 版本对容器功能进行了强化，用于支持 5G、边缘计算和 NFV 用例的网络升级功能，以及对资源管理和追踪性能进行了增强。

2019 年 10 月发布的 Train 版本除了对人工智能和机器学习技术提供了更多支持外，

还改进了资源管理的功能,提高了安全性。

2020年5月发布的Ussuri版本加深了Cyborg项目与Nova项目之间的合作。此外,该版本中的所有服务都将转向Python 3,并且在Train版本的基础上进行了多项更新。

2020年10月发布的Victoria版本推进了OpenStack与容器之间的融合,增强了裸金属管理功能,提升了对多计算架构和标准的支持,并针对复杂网络问题提供高效解决方案的能力。

尽管OpenStack从诞生到现在已经逐渐变得成熟,基本上已经能够满足云计算用户的大部分需求。但随着云计算技术的发展,必然需要不断地对OpenStack进行完善。OpenStack已经逐渐成为市场上的一个主流云计算平台解决方案。结合业界的一般观点和调查中的OpenStack用户的意见,OpenStack在增强动态迁移、数据安全、数据计费和数据监控等方面仍有很大的发展空间。

## 8.2 OpenStack的简介及特点

OpenStack主要用于公有云和私有云平台的搭建和管理,它为云计算提供存储空间、计算能力等资源,并提供相应的建设和管理工具。可以认为,OpenStack是一个云计算操作系统,是一个由多个组件组合而成的云计算管理平台项目。

通过IaaS的解决方案,OpenStack对资源进行管理,并且以服务的形式将资源提供给上层应用程序或者用户去使用。OpenStack的主要目标是提供实施简单、可大规模扩展、丰富、标准统一的云计算管理平台。

Nova和Swift是OpenStack的两个主要模块。前者是NASA开发的虚拟服务器部署和业务计算模块,而Swift是Rackspace公司开发的对象存储模块,除此以外,OpenStack的研发还有戴尔、Citrix、思科、Canonical等公司的参与。

OpenStack的作用如图8-1所示。OpenStack的首要任务是管理分布式系统中的各种基础设施资源,包括计算、网络、存储这3个方面,也就是服务器、网络设备、存储设备,OpenStack将这些资源组织起来,形成一个完整的云平台,协调指挥其他组件执行具体操作,以完成各项功能和服务。OpenStack还提供了仪表盘Horizon,并提供了一套API支持用户开发,便于使用者的使用和调用。

OpenStack社区拥有超过130家企业及1350位开发者,这些企业与个人都将OpenStack作为IaaS资源的通用前端。OpenStack的主要任务是简化云的部署过程并为其带来良好的可扩展性。

依然在不断完善和发展的OpenStack,虽然在有些方面还不够成熟,但有大量开发人员和企业愿意参与其中,因此迅速发展为搭建云平台的一种快捷方式。国际上有很多基于 OpenStack 搭建的云项目，如戴尔的 OpenStack 解决方案、AT&T 的 CloudArchitect、Mercado Libre 的 IT 基础设施云等。在国内，随着中国移动、华为等众多企业云产品的落地，OpenStack 已成为构建企业级云平台的开源技术的主流标准，比如华为的华为云、阿里巴巴的阿里云、腾讯的腾讯云等。OpenStack 社区目前已成为仅次于 Linux 社区的第二大开源社区。OpenStack 不仅实现了自身的发展目标，成为一个优秀的开源云架构平台，而且还带动了开源 SDN 和 SDS 的快速发展，使 OpenFlow 成为 SDN 标准协议之一及 Ceph 成为主流分布式存储。仅就这几点而言，OpenStack 社区及其自身软件无疑是非常成功的，它通过强大的社区集结了大部分云计算相关厂商，彼此相互支撑，构建了全面的生态系统。

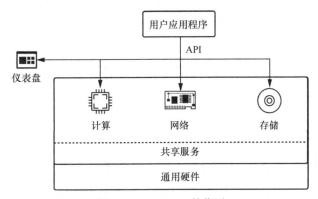

图 8-1　OpenStack 的作用

OpenStack 主要具有如下特点。

① OpenStack 作为一个开源项目，无厂商绑定。用户可以随时选择新的硬件供应商，将新的硬件和已有的硬件组成混合的硬件集群，统一管理；也可以替换软件技术服务的提供商，不用改变应用程序。

② OpenStack 具有良好的开源社区氛围。在开源社区中，有来自不同国家（或地区）、不同企业的开发者，他们共同推动 OpenStack 项目的发展。开发者可以在这里下载感兴趣的代码，参与各种开源社区活动。

③ OpenStack 的可扩展性较强。模块化设计，模块与模块之间松耦合，结构清晰，各个模块提供规范的 API 调用，可以通过横向扩展来增加节点、添加资源。

④ OpenStack 的使用和配置较为灵活，各个组件的安装也较为灵活，既可以集中部署，又可根据不同需求安装在不同的服务器或虚拟机上。用户可以根据自己的需要建立基础设施，也可以轻松地增加自己的集群规模。

⑤ OpenStack 为用户提供了多种使用方式。一方面，OpenStack 的所有组件都采用了 REST API，用户可通过这些 API 来使用 OpenStack 各个项目提供的服务，也能够根据需求进行二次开发。另一方面，用户还能够通过 Horizon 提供的可视化仪表盘来使用平台

上的功能，通过浏览器可直接访问该仪表盘。此外，OpenStack 还为用户提供了命令行工具，以方便操作 OpenStack 的各种组件。

⑥ OpenStack 的兼容性较强。OpenStack 能够很好地兼容其他公有云平台，用户可以很容易地对数据和应用进行迁移。

## 8.3　OpenStack 的组件

OpenStack 由大量开源项目组成。OpenStack 的组件如图 8-2 所示，其中包含 6 个稳定可靠的核心服务，即用于处理计算的 Nova，用于存储的 Cinder 和 Swift，用于网络通信的 Neutron，用于身份认证的 Keystone。同时，OpenStack 还为用户提供了 10 多种开发成熟度各异的可选服务。OpenStack 的 6 个核心服务组成系统的基础架构，其余服务则负责管理控制面板、编排、裸机部署、信息传递、容器及统筹管理等操作。

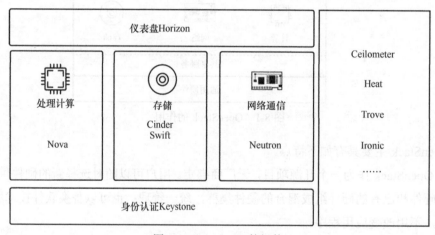

图 8-2　OpenStack 的组件

图 8-3 显示的是 OpenStack 的组件层级关系，OpenStack 可以被分为基础公共组件层、IaaS 服务层、系统管理及自动化层、"IaaS+服务"层。基础公共组件层提供身份认证（Keystone）、消息队列（Message Queue）、数据库（Database）等一些公共基础服务，其中 Message Queue 和 Database 是 OpenStack 的外部组件。IaaS 服务层提供计算处理（Nova）、存储（Glance、Cinder）、网络通信（Neutron）等核心服务。系统管理及自动化层为用户提供了监控服务（Ceilometer）、编排服务（Heat）等。"IaaS+服务"层则提供了对象存储（Swift）、数据库服务（Trove）、集群和任务管理（Sahara）等服务。除此以外，OpenStack 还提供了独立于各层的图形化人机界面，供用户操作和管理各组件。

第 8 章 OpenStack

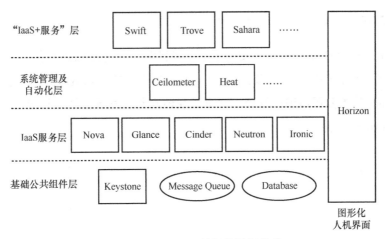

图 8-3 OpenStack 的组件层级关系

OpenStack 是由一系列具有 RESTful 接口的 Web 服务所实现的，是一系列组件服务集合。OpenStack 各组件之间的关系如图 8-4 所示，以 VM 为中心，UI 表示用户界面，Nova 负责提供计算，Neutron 负责提供网络连接，Glance 负责提供镜像，Cinder 提供存储。此外，Horizon 为各组件提供可视化管理功能，Ceilometer 为各组件提供监控服务，Keystone 为各组件提供身份验证服务，Swift 则负责对象存储。在实际生产环境中，可以根据需求选择需要的组件来搭建合适的云计算平台。根据不同的需求，OpenStack 的架构也会有所不同。

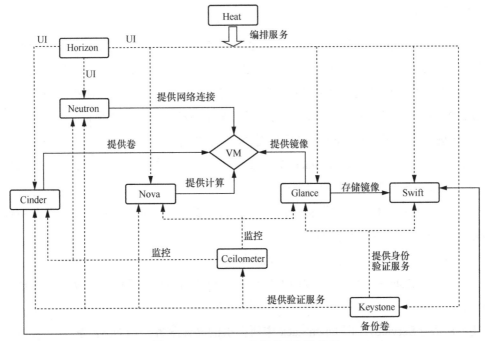

图 8-4 OpenStack 各组件之间的关系

### 8.3.1 Horizon

Horizon 是基于 Django 框架开发的图形用户界面，为 OpenStack 提供了一个 Web 管理界面，管理所有组件的状态。管理员借助 Horizon 所提供的仪表盘服务，通过 Web 前端页面对 OpenStack 整体云环境进行管理，并可直观地看到各种操作结果与运行状态。图 8-5 显示的是 Horizon 界面。

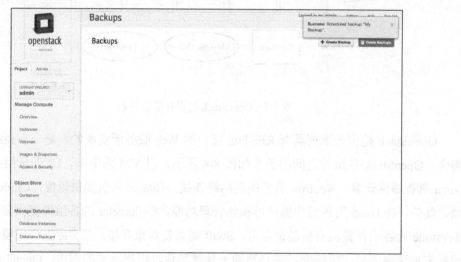

图 8-5　Horizon 界面

### 8.3.2 Keystone

Keystone 是 OpenStack 中的核心服务之一，它负责用户身份认证和服务目录两大功能的实现。其中，用户身份认证包括用户权限认证和用户行为跟踪，主要是对用户、角色、租户等信息进行管理。服务目录指所有可用服务的信息库，包括所有的服务项和相关 API 的端点，即存储服务 API 端点的路径和与服务相关的一些其他信息。

需要进一步了解 Keystone 中的几个概念，具体如下。

① 用户（User）：在 OpenStack 中，使用一个唯一标志来代表 OpenStack 的使用者或服务，OpenStack 会对用户的请求进行验证。

② 项目（Project）：一些可被访问的资源或者资源组，本质上是一个容器，可以起到隔离的作用，或者用于标识对象。

③ 令牌（Token）：进行用户身份验证的凭证。

④ 角色（Role）：代表一组权限的集合，对角色与用户进行绑定，从而声明该用户的权限。

⑤ 服务（Service）：即 OpenStack 中所提供的具体服务，如 Nova 等。

⑥ 端点（Endpoints）：即 OpenStack 中的服务对外提供的接口，通过端点就可以访

问 OpenStack 中的某项服务。

Keystone 的用户身份认证过程如下，用户通过用户名和密码认证后，会返回一个临时 Token，用户通过临时 Token 查询所属租户，一个用户可以对应多个租户。在获得租户信息后，用户选择其中一个租户并在通过用户名和密码认证后，Keystone 返回租户的 Token，用户使用该 Token 获取各个组件的服务。

用户信息包括用户、租户和角色，用户是访问 OpenStack 中各个服务或资源的人或程序。租户是能够在同一时刻使用同一个应用服务或资源，并保护用户数据的私密性与安全性的多个用户或企业。用户在访问应用服务或资源前，必须与该租户相关联，并且指定用户在该租户下的角色。角色是用户拥有的权限，一个角色可以拥有多个权限，用户的角色"地位"越高，在 OpenStack 中能访问的服务或资源就越多。

Keystone 还包括其他基本信息，如服务，当用户访问服务时，根据租户下用户的角色确认用户是否有访问该服务的权限；端点是具体化的服务，它提供给用户访问服务的端点，端点一般为统一资源定位符（URL），用户通过该 URL 可以访问服务。端点的 URL 具有 Public、Private 和 Admin 这 3 种权限。Public URL 提供对外访问服务，Private URL 提供对内访问服务，Admin URL 提供管理员访问服务。

### 8.3.3 Nova

Nova 是 OpenStack 中的另一个核心服务，负责维护和管理云环境的计算资源。OpenStack 作为 IaaS 的云操作系统，虚拟机生命周期管理就是通过 Nova 来实现的。Nova 在创建虚拟机时需要一个镜像文件，通常该操作系统的镜像文件由 Glance 提供，并存储在 Cinder 或 Swift 等中。Nova 的主要功能包括负责实例的生命周期管理、负责管理计算资源、负责网络和认证管理，对外提供 REST API 和异步的一致性通信。

Nova 架构如图 8-6 所示，Nova 主要包括 Nova-api、Nova-conductor、Nova-scheduler 和 Nova-compute 模块，下面分别对这些模块进行介绍。

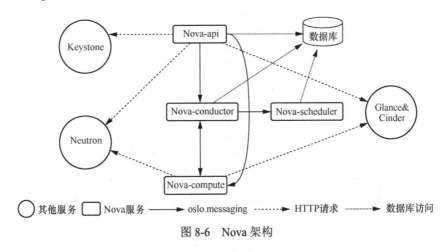

图 8-6 Nova 架构

① Nova-api 的功能是对外提供 REST API 的处理，一般部署在控制节点。Nova-api 接收和响应客户的 API 调用，所有对 Nova 的请求都先被 Nova-api 接收并处理。Nova-api 对传入的参数进行合法性校验和约束限制，对资源进行创建、更新、删除、查询、配额、校验和预留等操作，它是虚拟机生命周期管理的入口，支持水平扩展部署。Nova-api 对接收到的 HTTP API 请求首先检查客户端传入的参数是否合法有效，然后格式化 Nova 其他子服务返回的结果，并返回给客户端。与虚拟机生命周期管理相关的大部分操作，Nova-api 都可以响应。

② Nova-conductor 的功能是处理数据库操作和控制复杂的流程，一般部署在控制节点，避免 Nova-compute 直接访问云数据库，以保证数据库的安全性。例如，Nova-conductor 可以解耦 Nova-compute 的数据库访问，控制 Nova 的复杂流程，其中包括创建、冷迁移、热迁移、虚拟机规格调整和虚拟机重建等。

③ Nova-scheduler 的功能是对资源进行调度，负责决定在哪个计算节点上运行虚拟机，一般部署在控制节点。如在创建虚拟机时，指导将虚拟机创建在哪台主机上；在迁移虚拟机时，指定将虚拟机迁移到哪台主机上等。

④ Nova-compute 的功能是负责虚拟机生命周期管理和资源管理，通过调用 VMM API 实现虚拟机生命周期管理。Nova-compute 以一个守护进程的方式在计算节点上运行，专门负责创建虚拟机。底层对接不同的虚拟化平台进行虚拟化操作，内置周期性任务，实现资源刷新、虚拟机状态同步等功能。

### 8.3.4 Cinder

Cinder 的核心功能是对卷的管理，允许对卷、卷的类型、卷的快照、卷备份进行处理。它为云平台提供统一 API，通过驱动的方式接入不同种类的后端存储（本地存储、网络存储、FC-SAN、IP-SAN），并与 OpenStack 整合提供块存储服务。Cinder 架构如图 8-7 所示。

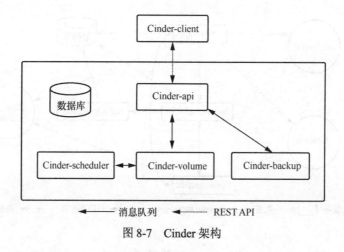

图 8-7 Cinder 架构

① Cinder-client：用于封装由 client 提供的 REST API，提供给用户使用。

② Cinder-api：对外提供 REST API，负责接收和处理 REST 请求，并将 REST 请求放入 RabbitMQ。

③ Cinder-scheduler：处理队列中的任务，并根据预定策略选择合适的 volume service 节点来执行任务。

④ Cinder-volume：负责与后端存储进行对接，通过各厂商提供的驱动器将 OpenStack 操作转换为存储操作。该服务在存储节点上运行，管理存储空间。每个存储节点都有一个 volume service，将若干个这样的存储节点联合起来可以构成一个存储资源池。

⑤ Cinder-backup：实现将卷的数据备份到其他存储介质中，支持将存储卷备份到 OpenStack 的对象存储模块中，如 Swift、Ceph 等。

图 8-8 显示了 Cinder 存储逻辑构架，其中 Cinder-API 是核心部分，连接了内部的其他组件。Cinder-client 通过 Web 界面显示 Cinder 信息，Nova 客户端用户可以调用存储在块中的资源。AMQP 是高级消息队列协议，应用于消息队列中。scheduler 处理消息队列中的任务，任务在 volume 节点上执行。iSCSI 一端连接存储设备，一端连接其他主机。用户使用 API 用来请求和使用 Cinder 虚拟化块存储设备池，并且不用了解存储的位置或设备信息。

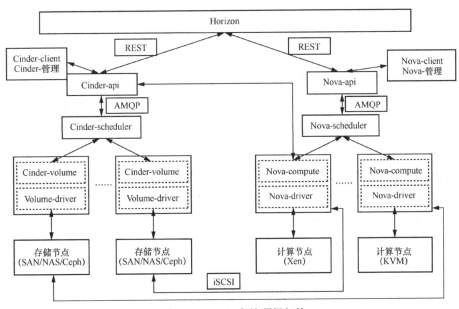

图 8-8 Cinder 存储逻辑架构

### 8.3.5 Neutron

Neutron 也是 OpenStack 中的核心项目之一，为 OpenStack 提供不同层次的网络服务。Neutron 最为核心的工作是对二层物理网络的抽象与管理，在物理服务器被虚拟化后，虚拟机的网络功能由虚拟网卡提供，物理交换机也被虚拟化为虚拟交换机，将各个虚拟网卡连接在虚拟交换机的端口上，最后这些虚拟交换机通过物理服务器的物理网卡访问外部的物理网络。

Neutron 主要包括 Neutron-server、Neutron-plugin、数据库、Neutron-agent 和消息队列，其逻辑架构如图 8-9 所示。

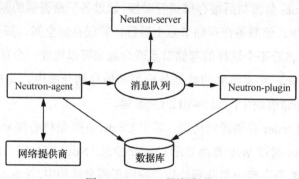

图 8-9　Neutron 逻辑架构

① Neutron-server：对外提供网络 API，并调用插件处理请求。

② Neutron-plugin：处理 Neutron-server 的请求，维护网络状态，并调用代理处理请求。

③ Neutron-agent：处理插件的请求，调用底层虚拟网络设备或物理网络设备实现各种网络功能。

④ 网络提供商：提供网络服务的虚拟或物理网络设备。

⑤ 数据库：用来存放网络状态信息，包括网络、子网、端口、路由等。

⑥ 消息队列：Neutron-server、Neutron-plugin 和 Neutron-agent 之间通过消息队列进行通信和调用。

Neutron 采用的是分布式架构，Neutron-server 接收 API 的请求，通过 Neutron-plugin 的代理实现各种请求，并把 Neutron 的网络状态信息保存在数据库中，在不同组件之间通过消息队列进行通信。API 被分为核心 API 和扩展 API 两个部分，核心 API 是对网络、子网和端口进行增、删、改、查操作，扩展 API 主要是具体插件的实现。

云计算中的网络类型可以被分为以下几种。

① 管理网络（API 网络）：用于连接数据中心所有的节点，主要控制底层资源和调用 API。管理网络流量通过管理网络与计算节点、网络节点上的 Agent、Client 通信。管理网络流量一般不对外传输，只在数据中心内部传输。

② 租户网络：用于数据中心的租户之间进行通信，同时隔离不同租户之间的流量。租户网络一般连接所有提供计算服务的计算节点。租户之间的隔离方式包括 VLAN、VXLAN、NVGRE 等。

③ 外部网络：租户网络只能用于内部虚拟机之间的通信，与其余设备的通信都要通过外部网络转发。除了路由器外，外部网络往往还兼具 VPN、NAT、负载均衡、防火墙等的职能。

④ 存储网络：用于连接计算节点和存储节点，主要是为计算节点中的主机和虚拟机提供存储服务。存储网络也不对外传输，仅在数据中心内部传输。

### 8.3.6 Glance

Glance 是一套虚拟机镜像管理系统，为虚拟机的创建提供镜像服务。它能够以多种形式存储镜像文件，具体如下。

① 利用 OpenStack 的对象存储模块 Swift 来存储镜像文件。

② 利用 Amazon 的简单存储解决方案（简称 S3）直接存储镜像文件。

③ 将 S3 存储与对象存储结合起来，作为 S3 访问的连接器。

OpenStack 镜像服务支持多种虚拟机镜像格式，包括 VMware 的 VMDK 格式、Amazon 的 AKI、ARI、AMI 镜像格式及 VirtualBox 所支持的各种磁盘格式。Glance 架构如图 8-10 所示。

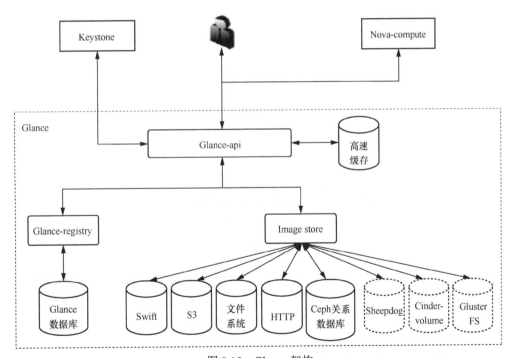

图 8-10  Glance 架构

① Glance-api：用于接收 REST API 请求，并提供相应的操作，通过 Glance-registry 模块及 Image store 模块来完成诸如镜像的查找、获取、上传、删除等操作。

② Glance-registry：存储、处理、检索镜像的元数据，元数据包括镜像大小、镜像类型等。

③ Image store：是一个存储的接口层，通过这个接口，Glance 可以获取镜像。Image store 支持的存储有 Amazon 的 S3、OpenStack 的 Swift，还有诸如 Ceph、Sheepdog、GlusterFS 等分布式存储。

### 8.3.7 Swift

Swift 是用于在大规模可扩展系统中通过内置冗余及容错机制实现对象存储的系统，可提供高可用性、分布式、高持久性、大文件的对象存储服务，这些对象能够通过 REST API 调用。Swift 采用层次数据模型，有共设账户、容器和对象这 3 层逻辑结构，如图 8-11 所示。每层的节点数均没有限制，可以任意扩展。这里的账户和个人账户不是同一个概念，可将该"账户"理解为租户，用来作为顶层的隔离机制，可以被多个个人账户共同使用；容器代表封装的一组对象，类似于文件夹或目录；对象由元数据和内容两部分组成。

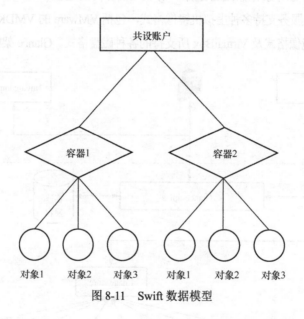

图 8-11 Swift 数据模型

Swift 主要有 3 个组成部分，即 Proxy Server、Storage Server 和 Consistency Server。

① Proxy Server：提供了 Swift API 的服务器进程，负责 Swift 其余组件间的相互通信。

② Storage Server：提供了磁盘设备上的存储服务。

③ Consistency Server：查找并解决数据损坏和硬件故障引起的错误。

Swift 架构如图 8-12 所示，其中，Storage 和 Consistency 允许在 Storage Node 上提供服务。

Swift 主要使用一致性哈希技术保证数据的分布式和完整性。Swift 2.0 已经扩展了集群的实现方式，不再是由单一的集群来构成 Swift 集群，而是可以自定义多个集群，特定集群可以区分存储区域、存储硬件。若由固态硬盘硬件组建一个集群,在创建桶的时候通过 Storage Policy 来指定当前桶使用特定的存储集群。Updater、Replicator 和 Auditor 进程构成了后台数据一致性保证体系。Swift 本身基于 XFS(一种高性能的日志文件系统)实现了数据在系统硬盘中的存储;同时,Swift 也支持可插拔的后端存储介质,甚至可以将 Swift 的 Object Server 进程运行在独立的存储介质上,如 IP 硬盘上。Object Server 后端通过可插拔的软件接口实现对接 IP 硬盘等存储介质,前端保持与 Swift 内部的接口交互。

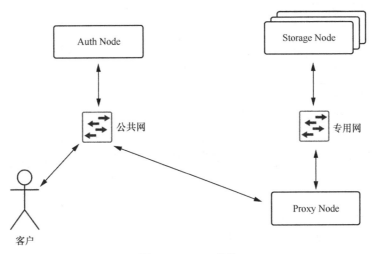

图 8-12　Swift 架构

接下来简要介绍 Swift 工作流程,首先客户向 Swift 提出对象存储资源申请,该申请由 Swift API 接收并处理,通过 Keystone 验证用户身份,将请求提交给 Swift Proxy,由 Swift Proxy 确定对象被存储在哪个节点,最后将结果返回给用户。

## 8.4　OpenStack 应用实例

私有云是为组织或企业单独搭建的云服务模式,能够提供对数据、安全性和服务质量的有效控制。组织或企业拥有搭建云服务所需要的基础设施,并可以在此基础设施上部署自己的业务。私有云可由组织或企业自行搭建,也可以委托云服务提供商搭建。

使用 OpenStack 中的多个组件搭建企业私有云,需要将这些组件部署在不同的节点上,图 8-13 显示的是 OpenStack 的一种部署架构,整个 OpenStack 由控制节点、网络节点、计算节点、存储节点这 4 部分组成。

① 控制节点:负责分发任务,管理其他节点,包括虚拟机的建立、迁移等操作。

② 网络节点：负责外部网络与内部网络之间的通信。

③ 计算节点：负责虚拟机的运行。

④ 存储节点：负责虚拟机的额外存储管理等。

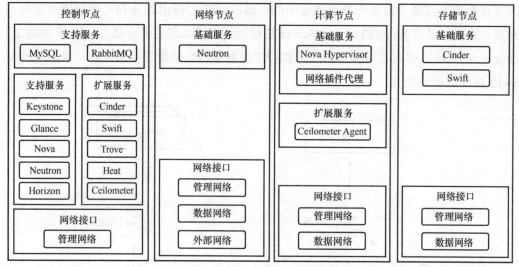

图 8-13 OpenStack 的一种部署架构

上述架构使用以下组件。

① MySQL 作为数据库，用来存放各项服务所产生的数据。

② RabbitMQ 作为消息中间件，用来为各服务之间提供统一的消息通信服务。

③ Keystone 提供了用户身份认证管理服务，负责用户身份认证和服务目录两大功能的实现。

④ Glance 提供镜像管理服务，对进行虚拟机部署的时候所能提供的镜像进行管理。它旨在发现、注册和交付虚拟机磁盘和镜像，支持多种后端。

⑤ Nova 提供计算虚拟化服务，是 OpenStack 的核心服务之一，负责管理和创建虚拟机。它方便扩展，支持多种虚拟化技术，并且可以被部署在标准硬件上。

⑥ Neutron 提供网络虚拟化服务，是一个可插拔、可扩展、API 驱动的服务。

⑦ Horizon 提供图形控制服务，可使用户方便地访问、使用和维护 OpenStack 中的资源。

⑧ Cinder 提供块存储服务，为 OpenStack 的虚拟机提供持久的块存储设备。

⑨ Swift 提供对象存储服务，是一个分布式、可扩展、多副本的存储系统。

⑩ Trove 提供管理数据库的节点服务，同时提供 Trove 在 Horizon 中的管理面板。

⑪ Heat 可以基于模板来进行云环境中的资源初始化、依赖关系处理、部署等基本操作，也可以解决自动收缩、负载均衡等高级问题。

⑫ Ceilometer 提供用量统计服务，通过它可以方便地实现 OpenStack 的计费功能。

从实施的效果来看，基于 OpenStack 搭建的私有云平台提高了公司基础设施资源的利用率，降低了硬件成本。私有云平台将物理服务器 CPU 的利用率从不到 10%提升到 50%，提高了基础设施资源管理与云平台运维自动化水平，降低了运维成本。自助式的资源申请和分配方式及云平台自动部署服务，使运维人员的工作量减少了 50%。利用虚拟化技术对物理基础设施进行池化，通过合理规划及按需使用，提高了基础设施资源的弹性。

## 习　题

1. OpenStack 是什么？有什么作用？
2. OpenStack 有什么优点？
3. OpenStack 的核心服务有哪些？
4. OpenStack 各组件功能和协作关系是什么？

# 第9章
# 云计算应用开发案例

9.1 云计算应用的开发思路

9.2 需求说明

9.3 数据文件解读与预处理

9.4 云计算应用的开发准备

9.5 代码详解

9.6 作业提交及运行结果展示

习题

云平台分布式应用程序是云计算在应用层上的一种体现。云计算作为一种宏观的技术概念而存在,而云平台分布式应用程序则是直接面对客户解决实际问题的产品。随着虚拟化技术和云计算技术的不断发展,越来越多的企业需要把业务和云端的应用程序相结合,使业务变得更快捷、简单、易用。本章主要探讨云平台中开发中间件的应用,了解分布式开发思路及环境,学习如何使用 Java 开发云平台分布式应用程序,以及如何将程序提交至云平台运行。

## 9.1 云计算应用的开发思路

大数据的一个关键特点是数据量大,随着数据采集手段的不断丰富,各行各业的数据大量积累,数据规模已增长到传统软件行业无法承受的级别。使用传统的数据处理工具来处理这些数据已经不能满足业务需求,于是就出现了一些专门用来处理大数据的技术。

用户可根据不同的业务需求选择不同的数据处理技术。如果用户对数据的实时性要求不高,更在意数据的安全性,并希望压缩开发成本和基础设施建设成本,则可以选择使用批处理技术 Hadoop。如果用户有对数据实时处理的需求,则可以选择流处理技术 Spark、Spark 可以实时处理数据、低时延并且可以更好地对分布式系统进行抽象。这些大数据处理技术在行业中都有着广泛的应用,虽然应用场景不同,但是它们的核心思想都是实现分布式计算,使软件开发人员可以方便使用更多在开发应用程序时的必要服务,可以更简单地开发云平台分布式应用程序。传统的分布式应用程序的开发需要自行搭建分布式平台,一般情况下需要以下几个步骤:

① 购买硬件设备，包括租用场地、购买服务器、购买网络设备等；
② 为服务器安装操作系统，进行基本配置；
③ 将服务器上架，搭建网络环境，使服务器之间能够互相通信；
④ 安装和配置分布式应用程序的运行环境；
⑤ 测试运行环境是否可用；
⑥ 将相应业务部署到集群中。

除此以外，后期还需要对软硬件进行维护和升级，以保证分布式应用程序的正常运行。可以看出，整个过程所需要的时间成本及经济成本非常高。但在有了云计算技术后，这个过程就变得十分简单，一般只需要以下几个步骤：

① 向云计算服务提供商申请大数据处理服务；
② 向云平台上传数据；
③ 向云平台提交作业。

使用云平台进行分布式应用程序开发，降低了开发的时间成本和基础设施建设成本，省略了传统分布式应用程序开发步骤中对分布式平台的搭建、测试和维护，这些工作都由云计算服务提供商完成，用户可以专注于分布式应用程序的开发。此外，使用云平台进行开发也更加灵活，如果业务对数据处理平台的要求较高，开发者可以向云计算服务提供商申请更多的资源，然后在上面部署自己的软件即可。后期如果需求发生变化，开发者可以根据需求变化随时增加或者减少资源的申请。

下面将介绍如何编写 MapReduce 程序并使用云平台提供的 MapReduce 服务来处理气象数据。MapReduce 是一个分布式、高可靠、可扩展的并行计算框架。从编写程序的角度来说，Map 和 Reduce 都是编程接口。从 MapReduce 的作业运行角度来说，Map 和 Reduce 都是计算进程。

首先需要对原始数据文件进行预处理，对原始数据文件进行解压、合并、提取等操作，使之成为分布式应用程序能够处理的数据；其次需要安装和配置基本的云计算开发环境，包括集成开发环境的安装、插件的安装、项目创建；之后根据具体业务需求编写 MapReduce 程序代码；最后向云平台上传数据并提交作业。

## 9.2 需求说明

给定一份数据集，其中记录的是 2018—2021 年全球不同地区每天的天气情况，如图 9-1 所示。该数据集包括气象站编号、日期、当日平均气温、当日最高气温等字段，在下一节中，将对这些数据进行详细解读，并介绍原始数据文件与预处理工作。

| 1 | STN--- | WBAN | YEARMODA | TEMP | DEWP | SLP | STP | VISIB | WDSP | MXSPD | GUST | MAX | MIN | PRCP | SNDP | FRSHTT |
|---|---|---|---|---|---|---|---|---|---|---|---|---|---|---|---|---|
| 2 | 010010 | 99999 | 20210101 | 23.4 24 | 15.7 24 | 1017.7 24 | 1016.5 24 | 28.0 6 | 10.9 24 | 22.1 | 39.4 | 26.2 | 20.1 | 0.04G | 999.9 | 000000 |
| 3 | 010010 | 99999 | 20210102 | 31.5 23 | 30.1 23 | 1017.4 23 | 1016.2 23 | 4.9 6 | 12.5 23 | 21.6 | 25.8 | 33.8 | 20.1 | 0.06G | 999.9 | 011000 |
| 4 | 010010 | 99999 | 20210103 | 35.0 24 | 34.3 24 | 1011.4 24 | 1010.2 24 | 1.9 6 | 19.0 24 | 24.9 | 39.9 | 32.7 | 0.11G | 999.9 | 010000 |
| 5 | 010010 | 99999 | 20210104 | 35.4 22 | 29.8 22 | 1007.6 22 | 1006.4 22 | 6.1 6 | 23.1 22 | 41.4 | 56.7 | 37.9 | 33.6 | 0.01G | 999.9 | 010000 |
| 6 | 010010 | 99999 | 20210105 | 27.5 24 | 19.4 24 | 1015.1 24 | 1013.9 24 | 13.5 6 | 12.8 24 | 25.1 | 37.9 | 35.4 | 21.7 | 0.00G | 999.9 | 001000 |
| 7 | 010010 | 99999 | 20210106 | 23.6 24 | 16.2 24 | 1015.1 24 | 1013.9 24 | 8.6 6 | 17.0 24 | 35.0 | 51.3 | 25.0 | 21.7 | 99.99 | 999.9 | 001000 |
| 8 | 010010 | 99999 | 20210107 | 18.7 24 | 11.7 24 | 1015.1 24 | 1013.9 24 | 4.1 6 | 20.7 24 | 36.5 | 56.1 | 25.5 | 14.4 | 0.03G | 999.9 | 001000 |
| 9 | 010010 | 99999 | 20210108 | 26.9 8 | 24.9 8 | 1001.9 8 | 1000.8 8 | 999.9 0 | 12.6 8 | 18.3 | 42.5 | 32.5 | 17.1 | 0.00G | 999.9 | 001000 |
| 10 | 010010 | 99999 | 20210109 | 31.7 24 | 30.3 24 | 978.9 24 | 977.8 24 | 5.9 6 | 8.8 24 | 19.2 | 26.8 | 34.0 | 26.1 | 0.23G | 999.9 | 010000 |
| 11 | 010010 | 99999 | 20210110 | 32.1 24 | 29.5 24 | 991.6 24 | 990.4 24 | 5.4 6 | 17.3 24 | 26.2 | 37.1 | 34.2 | 26.1 | 0.00G | 999.9 | 011000 |
| 12 | 010010 | 99999 | 20210111 | 31.9 24 | 29.2 24 | 1008.7 24 | 1007.5 24 | 6.3 6 | 14.7 24 | 27.8 | 33.8 | 34.5 | 30.4 | 0.00G | 999.9 | 001000 |
| 13 | 010010 | 99999 | 20210112 | 29.2 24 | 22.0 24 | 1016.1 24 | 1015.0 24 | 13.5 6 | 7.6 24 | 12.4 | 17.1 | 31.3 | 27.5 | 0.00G | 999.9 | 001000 |
| 14 | 010010 | 99999 | 20210113 | 29.5 23 | 24.8 23 | 1021.2 23 | 1020.0 23 | 10.9 6 | 7.2 23 | 13.6 | 17.3 | 32.9* | 26.4 | 0.01E | 999.9 | 001000 |

图 9-1　2018—2021 年全球不同地区每天的天气情况数据集

现需要编写两个 MapReduce 程序，第一个程序要求从给定的数据集中计算出各年份的全球最高气温，第二个程序要求从给定的数据集中计算出各年份的全球平均气温，要求以<年份,温度>的形式呈现输出结果。图 9-2 显示的是两个程序的需求说明。

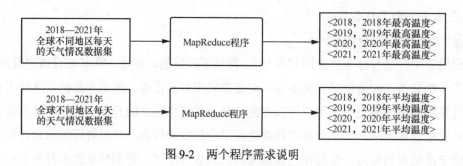

图 9-2　两个程序需求说明

## 9.3　数据文件解读与预处理

分别获取 2018 年、2019 年、2020 年、2021 年的全球不同地区每天的天气情况数据，得到 4 个.tar 格式的压缩文件，每个压缩文件均包括不同年份的全球不同地区的气象站的观测数据文件。在该数据文件中，每行代表该气象站某一天的观测记录。数据文件结构如图 9-3 所示。

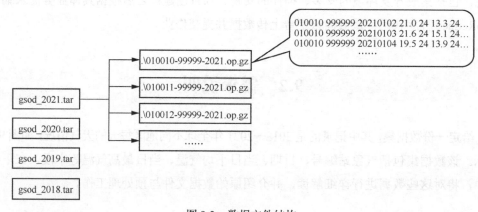

图 9-3　数据文件结构

对所有数据文件进行解压，并将它们合并成一份数据文件，以便上传至云平台进行后续计算。在 Linux 中执行以下命令解压所有数据文件。

```
[root@localhost ~]# tar -xvf gsod_2018.tar
[root@localhost ~]# tar -xvf gsod_2019.tar
[root@localhost ~]# tar -xvf gsod_2020.tar
[root@localhost ~]# tar -xvf gsod_2021.tar
```

查看执行后的结果，具体命令如下。

```
[root@localhost ~]# ls | head
008415-99999-2020.op.gz
010010-99999-2018.op.gz
010010-99999-2019.op.gz
010010-99999-2020.op.gz
010010-99999-2021.op.gz
010014-99999-2018.op.gz
010014-99999-2019.op.gz
010014-99999-2020.op.gz
010014-99999-2021.op.gz
010020-99999-2018.op.gz
```

通过执行 zcat 命令将所有数据文件合并为 ncdc.txt，具体如下。

```
[root@localhost ~]# zcat *.gz > ncdc.txt
```

查看 ncdc.txt 中的部分内容，具体如下。

```
[root@localhost ~]# head ncdc.txt
  STN---  WBAN    YEARMODA    TEMP       DEWP       SLP        STP       VISIB
WDSP    MXSPD  GUST    MAX    MIN    PRCP   SNDP   FRSHTT
  008415 99999  20200313    82.7  6    73.2  6    1010.9 6    9999.9 0   999.9 0
14.5  6   17.1   21.0     83.3*  82.2*  0.00I  999.9  000000
  008415 99999  20200314    83.1  8    72.4  8    1008.7 8    9999.9 0   999.9 0
11.0  8   14.0   17.1     83.7*  82.4*  0.00I  999.9  000000
  STN---  WBAN    YEARMODA    TEMP       DEWP       SLP        STP       VISIB
WDSP    MXSPD  GUST    MAX    MIN    PRCP   SNDP   FRSHTT
  010010 99999  20200101    31.5 24    29.3 24    974.9 24    973.8 24    3.7 6
9.9 24    15.9   24.1     35.8   23.5*  0.37G  999.9  010000
  010010 99999  20200102    26.0 24    23.4 24    960.1 24    959.0 24    4.9 6
23.0 24   37.3   49.1     34.2*  19.0   0.54E  999.9  101000
  010010 99999  20200103    25.1 21    18.9 21    985.5 21    984.3 21   999.9 0
33.4 21   50.5   65.9     33.6*  19.6*  0.31E  999.9  010000
  010010 99999  20200104    24.1 23    16.1 23    1007.2 23   1006.0 23    8.2 5
13.3 23   25.6   31.3     31.3*  19.2   0.06G  999.9  001000
```

```
    010010 99999  20200105    34.4 24    32.5 24    981.8 24    980.6 24    4.2  6
12.9 24   25.6   34.0    37.4    26.4   0.02G 999.9  010000
    010010 99999  20200106    35.7 22    33.2 22    973.8 22    972.7 22    8.4  4
13.4 21   28.9   39.2    38.3*   33.4   0.09G 999.9  100000
```

执行以下命令删除 ncdc.txt 中的所有表头所在行。

```
[root@localhost ~]# sed -i '/STN/d' ncdc.txt
```

再次查看 ncdc.txt 中的部分内容,表头所在行已经被成功删除。

```
[root@localhost ~]# head ncdc.txt
    008415 99999  20200313    82.7  6    73.2  6   1010.9  6   9999.9  0   999.9  0
14.5  6   17.1   21.0    83.3*   82.2*  0.00I 999.9  000000
    008415 99999  20200314    83.1  8    72.4  8   1008.7  8   9999.9  0   999.9  0
11.0  8   14.0   17.1    83.7*   82.4*  0.00I 999.9  000000
    010010 99999  20200101    31.5 24    29.3 24    974.9 24    973.8 24    3.7  6
9.9 24    15.9   24.1    35.8    23.5*  0.37G 999.9  010000
    010010 99999  20200102    26.0 24    23.4 24    960.1 24    959.0 24    4.9  6
23.0 24   37.3   49.1    34.2*   19.0   0.54E 999.9  101000
    010010 99999  20200103    25.1 21    18.9 21    985.5 21    984.3 21   999.9  0
33.4 21   50.5   65.9    33.6*   19.6*  0.31E 999.9  010000
    010010 99999  20200104    24.1 23    16.1 23   1007.2 23   1006.0 23    8.2  5
13.3 23   25.6   31.3    31.3*   19.2   0.06G 999.9  001000
    010010 99999  20200105    34.4 24    32.5 24    981.8 24    980.6 24    4.2  6
12.9 24   25.6   34.0    37.4    26.4   0.02G 999.9  010000
    010010 99999  20200106    35.7 22    33.2 22    973.8 22    972.7 22    8.4  4
13.4 21   28.9   39.2    38.3*   33.4   0.09G 999.9  100000
```

ncdc.txt 就是后续要被上传至云计算平台的数据文件。为了方便读者进行后续学习和应用程序开发,表 9-1 列出了数据文件各字段的定位及说明。需要特别注意 YEARMODA、TEMP、MAX 这 3 个字段,后续将会用到。

表 9-1 数据文件各字段的定位及说明

| 字段 | 定位 | 说明 |
| --- | --- | --- |
| STN | 1~6 | 气象站编号 |
| WBAN | 8~12 | 气象站的 WBAN 编号 |
| YEARMODA | 15~22 | 年月日 |
| TEMP | 25~30 | 当天平均气温,9999.9 代表该值缺失 |
| Count | 32~33 | 用于计算平均温度的数据的数量 |
| DEWP | 36~41 | 平均露点温度,9999.9 代表该值缺失 |
| Count | 43~44 | 用于计算平均露点温度的数据的数量 |

（续表）

| 字段 | 定位 | 说明 |
|---|---|---|
| SLP | 47～52 | 平均海平面压力，9999.9 代表该值缺失 |
| Count | 54～55 | 用于计算平均海平面压力的数据的数量 |
| STP | 58～63 | 本气象站平均气压，9999.9 代表该值缺失 |
| Count | 65～66 | 用于计算气象站平均气压的数据的数量 |
| VISIB | 69～73 | 当天的平均可见度，999.9 代表该值缺失 |
| Count | 75～76 | 用于计算当天的平均可见度的数据的数量 |
| WDSP | 79～83 | 当天的平均风速，999.9 代表该值缺失 |
| Count | 85～86 | 用于计算当天的平均风速的数据的数量 |
| MXSPD | 89～93 | 当天报告的最大持续风速，999.9 代表该值缺失 |
| GUST | 96～100 | 最高阵风报告为一天，999.9 代表该值缺失 |
| MAX | 103～108 | 最高气温，9999.9 代表该值缺失 |
| Flag | 109～109 | *表示从小时数据得出的最高温度,空白则表示不是从小时数据得出的最高温度 |
| MIN | 111～116 | 最低气温，9999.9 代表该值缺失 |
| Flag | 117～117 | *表示从小时数据得出的最低温度,空白则表示不是从小时数据得出的最低温度 |
| PRCP | 119～123 | 总降雨量，99.99 代表该值缺失 |
| SNDP | 126～130 | 降雪深度，999.9 代表该值缺失 |
| FRSHTT | 133～138 | 标志当天是否出现雾/雨/雪/冰雹/雷/台风天气（总共有 6 个标记位，1 表示已经发生，0 表示没有发生） |

## 9.4 云计算应用的开发准备

开发云计算应用首先需要向云计算服务提供商申请资源，并在本地计算机上安装作业提交客户端，为后续的数据上传和作业提交做准备。另外还需要对本地开发环境进行安装和配置，本节使用 Java 编程语言编写 MapReduce 程序代码，读者可以根据自己的习惯选择 IDEA 或者 Eclipse 作为开发环境。本节以 IDEA 为例，简要介绍云计算开发中插件的安装和新项目的创建。

### 9.4.1 申请云计算资源

云计算服务提供商是指提供云平台、云基础结构、应用程序或存储服务的第三方公司。简单而言，云计算服务提供商将企业所需要的软硬件资源、资料都放在网络上，企业只要根据自己的需求向云计算服务提供商申请资源，就能够在任何时间、任何应用场景实现数据存取、数据运算。国内有很多云计算服务提供商，如华为云、阿里云、腾讯云、天翼云等，用户可根据实际的业务需求选择合适的云计算服务提供商。

申请云计算资源的步骤如下。

① 选择合适的云平台，注册账号。

② 根据提示在云平台上创建项目，填写项目名称、选择付费类型、是否加密等，如图9-4所示。

图9-4 在云平台上创建项目

## 9.4.2 配置作业提交客户端

一般情况下，云计算服务提供商会向用户提供作业提交客户端，用户可通过该客户端向云平台提交作业和上传数据。首先下载作业提交客户端（以 odpscmd_public 为例），并进入 conf 目录。然后编辑 odps_config.ini 文件，在 project_name 后面添加项目名称，access_id 后面添加自己的 id，access_key 后面添加自己的 key，根据平台提供的文档查询 end_point 并填写，根据需要填写其他参数，并保存配置文件，具体如下。

```
project_name=
access_id=
access_key=
end_point=
log_view_host=
https_check=
# confirm threshold for query input size(unit: GB)
data_size_confirm=
# this url is for odpscmd update
update_url=
# download sql results by instance tunnel
use_instance_tunnel=
# the max records when download sql results by instance tunnel
instance_tunnel_max_record=
# IMPORTANT:
#   If leaving tunnel_endpoint untouched, console will try to automatically get one from odps service, which might charge networking fees in some cases.
#   Please refer to Endpoint
# tunnel_endpoint=

# use set.<key>=
# e.g. set.odps.sql.select.output.format=
```

最后，在 odpscmd_public 客户端安装路径下的 bin 文件夹中，找到 odpscmd.bat 文件并执行。成功启动作业提交客户端如图 9-5 所示。

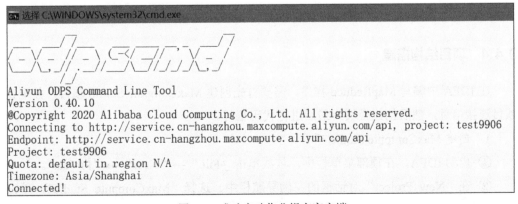

图 9-5　成功启动作业提交客户端

### 9.4.3 在 IDEA 中安装插件

安装 MaxCompute Studio 插件能够为后续的开发、测试与调试工作提供便利，可以直接通过 IDEA 的官方插件库进行安装；也可以手动下载 MaxCompute Studio，然后在 IDEA 中添加该插件。通过 IDEA 官方插件库进行安装的过程如下。

① 在顶部菜单栏中，依次单击"File"→"Settings"。

② 在"Settings"对话框的左侧导航栏中，单击"Plugins"。

③ 在"Plugins"对话框的搜索框中搜索"MaxCompute Studio"。

④ 找到 MaxCompute Studio 插件，单击"Installed"进行安装，如图 9-6 所示。

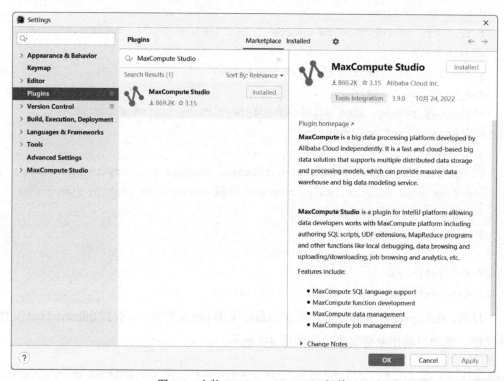

图 9-6 安装 MaxCompute Studio 插件

### 9.4.4 项目结构搭建

在 IDEA 中编写 MapReduce 程序，需要首先创建 MaxCompute Studio 项目，并配置项目连接信息，然后创建模块，最后进行代码编写。

**1. 创建 MaxCompute Studio 项目**

① 启动 IDEA，在顶部菜单栏中，依次单击"File"→"New"→"Project"。

② 在"New Project"对话框的左侧导航栏中，选择"MaxCompute Studio"，单击"Next"，如图 9-7 所示。

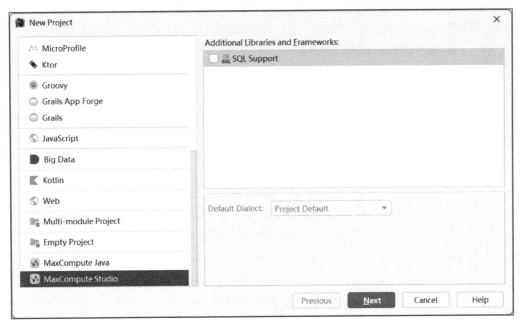

图 9-7　选择"MaxCompute Studio"

③ 在"Project name"文本框中填写"MyProject"作为项目名称，如有需要，可以在"Project location"中修改项目保存路径。单击"Finish"完成，如图 9-8 所示。

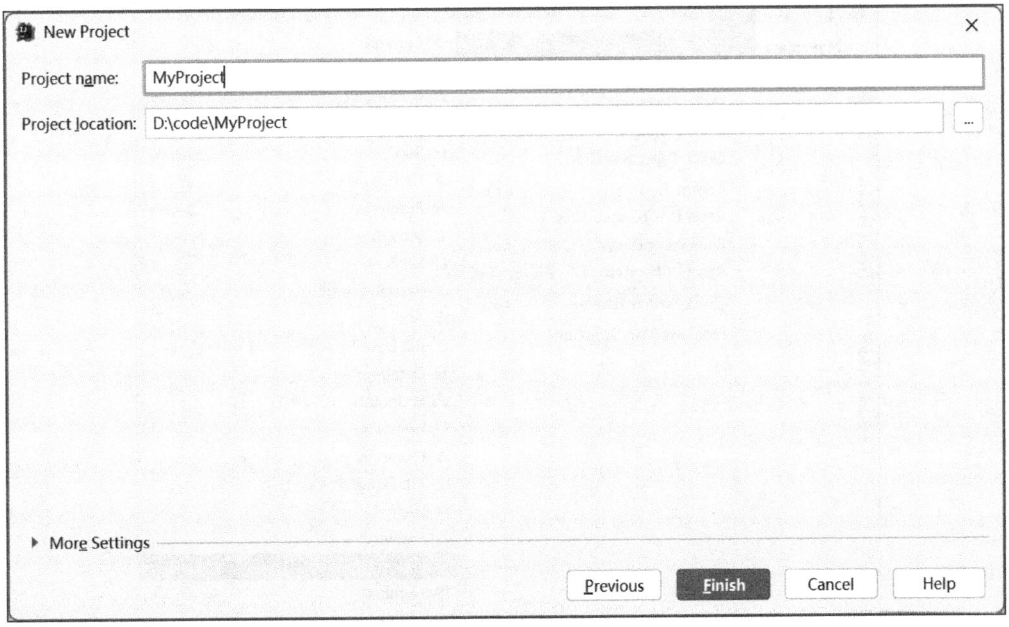

图 9-8　创建项目

完成项目创建如图 9-9 所示。"Project"窗口显示的是新创建的项目结构，"scripts"目录用于存放脚本文件，"target"目录用于存放目标文件。

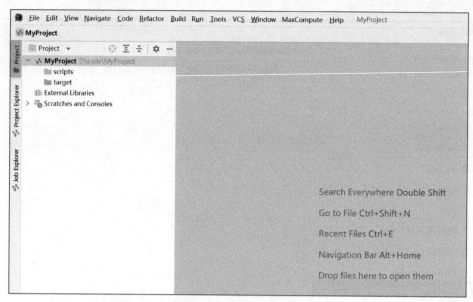

图 9-9　完成项目创建

2. 配置 MaxCompute 项目连接信息

① 如图 9-10 所示，依次单击 "View" → "Tool Windows" → "Project Explorer"，打开 MaxCompute Studio 的项目管理器。

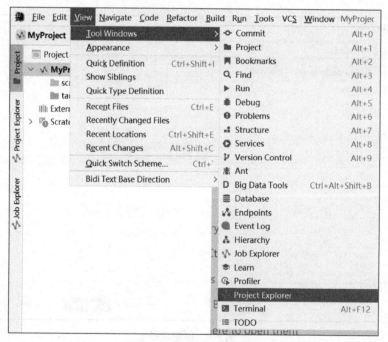

图 9-10　打开项目管理器

② 如图 9-11 所示，在左侧弹出窗口后，单击窗口右上角的 "+"，配置项目连接信息。此处配置信息与之前的作业提交客户端信息一致。其中，"Project Name" 为项目名

称,"Access Id"为云服务账户 ID,"Access Key"为云服务账户密钥,根据云平台提供的文档查询并填写"End Point",根据需要填写其他参数,保存配置文件。

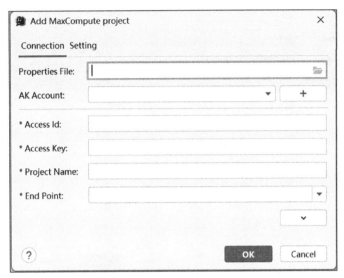

图 9-11　配置项目连接信息

3. 创建模块

① 依次单击"File"→"New"→"Module",打开创建模块窗口。

② 如图 9-12 所示,单击"MaxCompute Java",配置 Module SDK,选择合适的 SDK 版本,一般选择 1.8 版本即可。

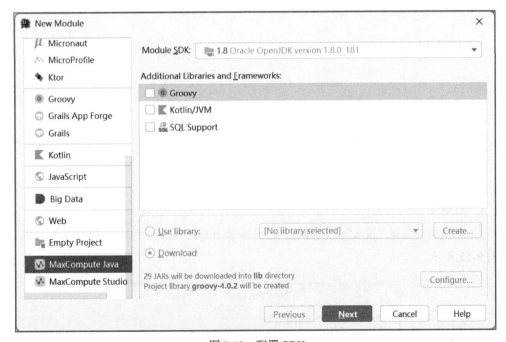

图 9-12　配置 SDK

③ 如图 9-13 所示，填写"Module name"，例如 mapreduce，单击"Finish"完成模块创建。

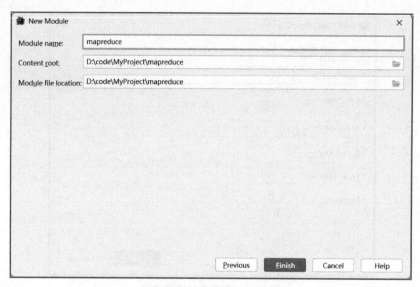

图 9-13　填写模块信息

创建成功的模块结构如图 9-14 所示，项目所需要的依赖已经被自动配置到 pom.xml 文件中，用户不需要进行手动配置。

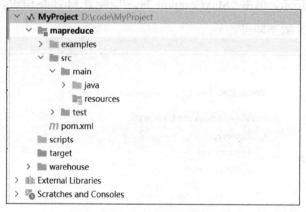

图 9-14　模块结构

4. 创建类

① 在模块的目录"java"下创建包"com.book.mapreduce"，包名可根据需要自定义，如图 9-15 所示。

图 9-15　创建包

② 在包下新建 ComputeMaxTemp 类和 ComputeAvgTemp 类，用于计算最高温度和平均温度，如图 9-16 所示。

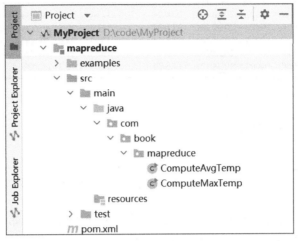

图 9-16  创建类

## 9.5  代码详解

通过上面的准备工作，已经搭建好云计算并行应用程序的开发环境，并完成类的创建。下面将会对具体的代码进行说明。MapReduce 要求用户定义一个 map()方法和一个 reduce()方法，在这里，用户自定义的 map()方法需要继承自 MapperBase 类。map()方法用于处理输入表的记录对象，将其加工处理成键值对集合输出到 Reduce 阶段，或者不经过 Reduce 阶段直接将输出计算结果记录到结果表中。不经过 Reduce 阶段而直接输出计算结果的作业，也被称为 MapOnly 作业。用户自定义的 reduce()方法需要继承自 ReducerBase 类。reduce()函数对与一个键值关联的一组数值集进行归约计算。

### 9.5.1  计算最高温度代码

首先完成 ComputeMaxTemp 类的编写，以计算各年份全球不同地区的最高温度。此处，不仅需要定义一个 MaxTemperatureMapper 类继承 MapperBase 类并重写 map()方法和 setup()方法，还需要定义一个 MaxTemperatureReducer 类继承 ReducerBase 类并重写 reduce()方法和 setup()方法。

1. Map 阶段

Map 阶段的主要工作是对数据集中的天气数据进行处理，将每条记录转化为键值对的形式。如图 9-17 所示，Map 阶段将数据集中的 YEARMODA 字段中的 YEAR 字段和

MAX 字段的值提取出来（YEAR 字段表示这条记录的年份，MAX 字段表示当天的最高温度），并将 year 作为输出键值，max 作为输出数值，产生中间结果<year,max>。

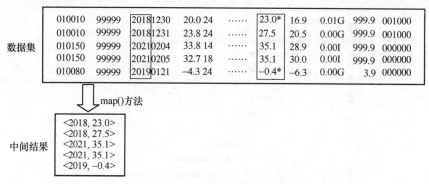

图 9-17  计算 Map 阶段的最高温度

在采用 map()方法前调用 setup()方法。程序在 setup()方法中初始化 year 和 max 两个属性，year 和 max 均为 Record 类型，分别作为中间结果的输出键值和输出数值。

采用 map()方法处理输入表的记录。map()方法每次读取输入表中的一行记录，根据 YEAR 字段的位置取出 YEAR 字段的值保存到 yearStr 中，根据 MAX 字段的位置取出 MAX 字段的值保存到 maxStr 中。在输出键值对前，需要对 yearStr 值和 maxStr 值进行验证，如果 yearStr 值不合法或 maxStr 值缺失（9999.9 代表数据缺失），就丢弃这条记录。如果验证通过，则将 yearStr 值放入 year，maxStr 值放入 max。最后将 year 作为输出键值，max 作为输出数值加工处理成键值对集合输出到 Reduce 阶段。

```java
public static class MaxTemperatureMapper extends MapperBase {
    private Record year;
    private Record max;
    @Override
    public void setup(TaskContext context) throws IOException {
        year = context.createMapOutputKeyRecord();
        max = context.createMapOutputValueRecord();
        System.out.println("TaskID:" + context.getTaskID().toString());
    }
    @Override
    public void map(long recordNum, Record record, TaskContext context)
            throws IOException {
        String line = record.get(0).toString();
        // 根据 YEAR 字段的位置取出 YEAR 字段的值
        String yearStr = line.substring(14,18).trim();
        // 根据 MAX 字段的位置取出 MAX 字段的值
        String maxStr = line.substring(102,108).trim();
```

```
            // 过滤缺失值（9999.9代表数据缺失）
            if(yearStr.matches("\\d+") && !maxStr.equals("9999.9")){
                // year作为输出键值，max作为输出数值
                year.set(new Object[] { yearStr });
                max.set(new Object[] { Double.parseDouble(maxStr) });
                context.write(year, max);
            }
        }
    }
```

### 2. Reduce 阶段

如图 9-18 所示，Reduce 阶段不断地拉取 Map 阶段的中间结果，并在拉取的过程中对键值相同的值进行合并，即根据年份进行合并。reduce()方法通过循环比较，将最大的温度数值作为该年份的最高温度。最后将年份与该年份的最高温度写进输出表。

图 9-18 计算 Reduce 阶段的最高温度

在采用 reduce()方法前调用 setup()方法。程序在 setup()方法中初始化 result，result 是 Record 类型，作为最终的输出结果。

采用 reduce()方法处理 Map 阶段产生的中间结果。Reduce 阶段不断地拉取 Map 阶段的中间结果，将具有相同键值的记录的值合并在一起，然后将此数据交给 reduce()方法计算。reduce()方法拿到每条记录后，会循环获取每天的温度数据，将通过比较得到的最大值写入 maxValue。最后将年份作为结果的第一列，maxValue 作为结果的第二列，形成最终输出结果。

```
public static class MaxTemperatureReducer extends ReducerBase {
    private Record result = null;
    @Override
    public void setup(TaskContext context) throws IOException {
        result = context.createOutputRecord();
    }
    @Override
```

```
        public void reduce(Record key, Iterator<Record> values, TaskContext
context)
                throws IOException {
            // 将 maxValue 初始化为 Double.MIN_VALUE
            double maxValue = Double.MIN_VALUE;
            // 找到该年份的最大温度值
            while (values.hasNext()) {
                Record val = values.next();
                maxValue = Math.max(maxValue,(Double)val.get(0));
            }
            // 写入结果
            result.set(0, key.get(0));
            result.set(1, String.valueOf(maxValue));
            context.write(result);
        }
    }
```

3. 主函数

上面已经完成了 Map 阶段和 Reduce 阶段代码的编写，但如果要运行代码，还需要完成一些配置，具体如下。

在 main()函数中配置和提交 Job，首先需要配置 Mapper 类和 Reducer 类，其次需要指定 Map 阶段所产生的中间结果的键值对名称和键值对数据类型，最后需要配置输入和输出的表信息。

```
    public static void main(String[] args) throws Exception {
        if (args.length != 2) {
            System.err.println("Usage: WordCount <in_table> <out_table>");
            System.exit(2);
        }
        JobConf job = new JobConf();
        // 配置 Mapper 类和 Reducer 类
        job.setMapperClass(MaxTemperatureMapper.class);
        job.setReducerClass(MaxTemperatureReducer.class);
        // 配置 Map 阶段中间结果的键值和数值的 Schema，Map 阶段的中间结果为 Record 类型
        job.setMapOutputKeySchema(SchemaUtils.fromString("year:string"));
        job.setMapOutputValueSchema(SchemaUtils.fromString("max:double"));
        // 配置输入和输出的表信息
        InputUtils.addTable(TableInfo.builder().tableName(args[0]).build(),
job);
        OutputUtils.addTable(TableInfo.builder().tableName(args[1]).build(),
job);
```

```
        JobClient.runJob(job);
}
```

### 4. 完整代码

图 9-19 显示了 ComputeMaxTemp 完整的执行过程，即计算最高温度的完整过程。

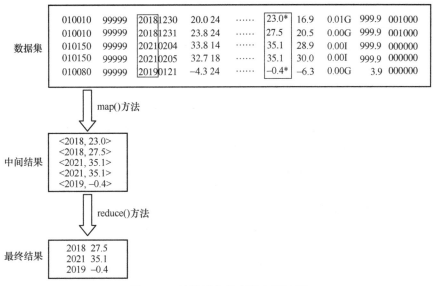

图 9-19　计算最高温度的完整过程

下面给出 ComputeMaxTemp 的完整执行代码。

```
package com.book.mapreduce;

import java.io.IOException;
import java.util.Iterator;
import com.aliyun.odps.data.Record;
import com.aliyun.odps.data.TableInfo;
import com.aliyun.odps.mapred.JobClient;
import com.aliyun.odps.mapred.MapperBase;
import com.aliyun.odps.mapred.ReducerBase;
import com.aliyun.odps.mapred.conf.JobConf;
import com.aliyun.odps.mapred.utils.InputUtils;
import com.aliyun.odps.mapred.utils.OutputUtils;
import com.aliyun.odps.mapred.utils.SchemaUtils;
public class ComputeMaxTemp {

    public static class MaxTemperatureMapper extends MapperBase {
        private Record year;
        private Record max;
```

```java
            @Override
            public void setup(TaskContext context) throws IOException {
                year = context.createMapOutputKeyRecord();
                max = context.createMapOutputValueRecord();
                System.out.println("TaskID:"+context.getTaskID().toString());
            }
            @Override
            public void map(long recordNum, Record record, TaskContext context)
                    throws IOException {
                String line = record.get(0).toString();
                // 根据 YEAR 字段的位置取出 YEAR 字段的值
                String yearStr = line.substring(14,18).trim();
                // 根据 MAX 字段的位置取出 MAX 字段的值
                String maxStr = line.substring(102,108).trim();
                // 过滤缺失值 (9999.9 代表数据缺失)
                if(yearStr.matches("\\d+") && !maxStr.equals("9999.9")){
                    // year 作为输出键值，max 作为输出数值
                    year.set(new Object[] { yearStr });
                    max.set(new Object[] { Double.parseDouble(maxStr) });
                    context.write(year, max);
                }
            }
        }

        public static class MaxTemperatureReducer extends ReducerBase {
            private Record result = null;
            @Override
            public void setup(TaskContext context) throws IOException {
                result = context.createOutputRecord();
            }
            @Override
            public void reduce(Record key, Iterator<Record> values, TaskContext context)
                    throws IOException {
                // 将 maxValue 初始化为 Double.MIN_VALUE
                double maxValue = Double.MIN_VALUE;
                // 找到该年份的最大温度值
                while (values.hasNext()) {
                    Record val = values.next();
                    maxValue = Math.max(maxValue,(Double)val.get(0));
```

```
            }
            // 写入结果
            result.set(0, key.get(0));
            result.set(1, String.valueOf(maxValue));
            context.write(result);
        }
    }
    public static void main(String[] args) throws Exception {
        if (args.length != 2) {
            System.err.println("Usage: WordCount <in_table> <out_table>");
            System.exit(2);
        }
        JobConf job = new JobConf();
        // 配置 Mapper 类和 Reducer 类
        job.setMapperClass(MaxTemperatureMapper.class);
        job.setReducerClass(MaxTemperatureReducer.class);
        // 配置 Map 阶段的中间结果的键值和数值的 Schema，Map 阶段的中间结果输出也为
Record 类型
        job.setMapOutputKeySchema(SchemaUtils.fromString("year:string"));
        job.setMapOutputValueSchema(SchemaUtils.fromString("max:double"));
        // 配置输入和输出的表信息
        InputUtils.addTable(TableInfo.builder().tableName(args[0]).build(
), job);
        OutputUtils.addTable(TableInfo.builder().tableName(args[1]).build
(), job);
        JobClient.runJob(job);
    }
}
```

## 9.5.2 计算平均温度代码

ComputeAvgTemp 用来计算各年份全球不同地区的平均温度，其实现与 ComputeMaxTemp 类似，读者可以尝试自己完成。

### 1. Map 阶段

在 Map 阶段中，将数据集中 YEARMODA 字段中的 YEAR 字段和 TEMP 字段的值提取出来（其中 YEAR 字段表示这条记录的年份，TEMP 字段表示当天的平均气温），并将 year 作为输出键值，将 temp 作为输出数值，产生中间结果<year, temp>。

```
public static class AvgTemperatureMapper extends MapperBase {
    private Record year;
```

```
        private Record temp;
        @Override
        public void setup(TaskContext context) throws IOException {
            year = context.createMapOutputKeyRecord();
            temp = context.createMapOutputValueRecord();
            System.out.println("TaskID:" + context.getTaskID().toString());
        }
        @Override
        public void map(long recordNum, Record record, TaskContext context)
                throws IOException {
            String line = record.get(0).toString();
            // 根据 YEAR 字段的位置取出 YEAR 的值
            String yearStr = line.substring(14,18).trim();
            // 根据 TEMP 字段的位置取出 TEMP 的值
            String tempStr = line.substring(24,30).trim();
            // 过滤缺失值
            if(yearStr.matches("\\d+") && !tempStr.equals("9999.9")){
                // 将 year 作为输出键值，temp 作为输出数值
                year.set(new Object[] { yearStr });
                temp.set(new Object[] { Double.parseDouble(tempStr) });
                context.write(year, temp);
            }
        }
    }
```

2. Reduce 阶段

Reduce 阶段不断地拉取 Map 阶段的中间结果，将具有相同键值的记录的值合并在一起，然后将此数据交给 reduce()方法计算。reduce()方法拿到每条记录后，会循环获取每天的温度数据，并将这些数据累加起来，再除以当月有温度记录的天数，就可以算出每个月的温度平均值。最后将年份作为结果的第一列，平均温度值作为结果的第二列，形成最终输出结果。

```
    public static class AvgTemperatureReducer extends ReducerBase {
        private Record result = null;
        @Override
        public void setup(TaskContext context) throws IOException {
            result = context.createOutputRecord();
        }
        @Override
        public void reduce(Record key, Iterator<Record> values, TaskContext
context)
```

```
        throws IOException {
    double sumValue = 0;
    long numValue = 0;
    int avgValue = 0;
    // 计算温度平均值
    while (values.hasNext()) {
        Record val = values.next();
        sumValue += (double) val.get(0);
        numValue += 1;
    }
    avgValue = (int)(sumValue/numValue);
    // 写入结果
    result.set(0, key.get(0));
    result.set(1, String.valueOf(avgValue));
    context.write(result);
    }
}
```

### 3. 主函数

在主类的 main()函数中，配置和提交 Job。

```
public static void main(String[] args) throws Exception {
    if (args.length != 2) {
        System.err.println("Usage: WordCount <in_table> <out_table>");
        System.exit(2);
    }
    JobConf job = new JobConf();
    // 配置 Mapper 类和 Reducer 类
    job.setMapperClass(AvgTemperatureMapper.class);
    job.setReducerClass(AvgTemperatureReducer.class);
    // 配置 Map 阶段中间结果的键值和数值的 Schema,  Map 阶段的中间结果为 Record 类型
    job.setMapOutputKeySchema(SchemaUtils.fromString("year:string"));
    job.setMapOutputValueSchema(SchemaUtils.fromString("value:double"));
    // 配置输入和输出的表信息
    InputUtils.addTable(TableInfo.builder().tableName(args[0]).build(), job);
    OutputUtils.addTable(TableInfo.builder().tableName(args[1]).build(), job);

    JobClient.runJob(job);
}
```

4. 完整代码

图 9-20 显示了 ComputeAvgTemp 完整的执行过程，即计算平均温度的完整过程。

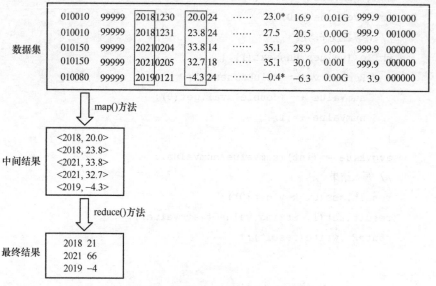

图 9-20　计算平均温度的完整过程

下面给出 ComputeAvgTemp 的完整执行代码。

```java
package com.book.mapreduce;

import com.aliyun.odps.data.Record;
import com.aliyun.odps.data.TableInfo;
import com.aliyun.odps.mapred.JobClient;
import com.aliyun.odps.mapred.MapperBase;
import com.aliyun.odps.mapred.ReducerBase;
import com.aliyun.odps.mapred.conf.JobConf;
import com.aliyun.odps.mapred.utils.InputUtils;
import com.aliyun.odps.mapred.utils.OutputUtils;
import com.aliyun.odps.mapred.utils.SchemaUtils;

import java.io.IOException;
import java.util.Iterator;

public class ComputeAvgTemp {

    public static class AvgTemperatureMapper extends MapperBase {
        private Record year;
        private Record temp;
```

```java
            @Override
            public void setup(TaskContext context) throws IOException {
                year = context.createMapOutputKeyRecord();
                temp = context.createMapOutputValueRecord();
                System.out.println("TaskID:"+context.getTaskID().toString());
            }
            @Override
            public void map(long recordNum, Record record, TaskContext context)
                    throws IOException {
                String line = record.get(0).toString();
                // 根据 YEAR 字段的位置取出 YEAR 字段的值
                String yearStr = line.substring(14,18).trim();
                // 根据 TEMP 字段的位置取出 TEMP 字段的值
                String tempStr = line.substring(24,30).trim();
                // 过滤缺失值
                if(yearStr.matches("\\d+") && !tempStr.equals("9999.9")){
                    // 将 year 作为输出键值，temp 作为输出数值
                    year.set(new Object[] { yearStr });
                    temp.set(new Object[] { Double.parseDouble(tempStr) });
                    context.write(year, temp);
                }
            }
        }


        public static class AvgTemperatureReducer extends ReducerBase {
            private Record result = null;
            @Override
            public void setup(TaskContext context) throws IOException {
                result = context.createOutputRecord();
            }
        @Override
            public void reduce(Record key, Iterator<Record> values, TaskContext
context)
                    throws IOException {

                double sumValue = 0;
                long numValue = 0;
                int avgValue = 0;
                // 计算温度平均值
                while (values.hasNext()) {
```

```
                Record val = values.next();
                sumValue += (double) val.get(0);
                numValue += 1;
            }
            avgValue = (int)(sumValue/numValue);
            // 写入结果
            result.set(0, key.get(0));
            result.set(1, String.valueOf(avgValue));
            context.write(result);
        }
    }
    public static void main(String[] args) throws Exception {
        if (args.length != 2) {
            System.err.println("Usage: WordCount <in_table> <out_table>");
            System.exit(2);
        }
        JobConf job = new JobConf();
        // 配置 Mapper 类和 Reducer 类
        job.setMapperClass(AvgTemperatureMapper.class);
        job.setReducerClass(AvgTemperatureReducer.class);
        // 配置 Map 阶段中间结果的键值和数值的 Schema, Map 阶段的中间结果为 Record 类型
        job.setMapOutputKeySchema(SchemaUtils.fromString("year:string"));
        job.setMapOutputValueSchema(SchemaUtils.fromString("value:double"));
        // 配置输入和输出的表信息
        InputUtils.addTable(TableInfo.builder().tableName(args[0]).build(), job);
        OutputUtils.addTable(TableInfo.builder().tableName(args[1]).build(), job);
        JobClient.runJob(job);
    }
}
```

## 9.6 作业提交及运行结果展示

至此，计算最高气温和平均气温的代码编写完成。下面将介绍如何使用作业提交客户端把准备好的数据和编写完成的代码提交到云平台，具体步骤如下。

## 9.6.1 创建数据表并上传数据

MapReduce 程序通过读取输入数据表来获取要处理的数据,并把数据写入输出数据表中。因此需要在云平台上创建用于输入和输出的数据表,并上传数据。

① 启动作业提交客户端。

② 输入以下命令,创建天气数据表作为输入数据表。

create table weather(weather string);

③ 输入以下命令,创建两个结果表作为输出数据表。

create table max_temp(year string,temp string);
create table avg_temp(year string,temp string);

④ 输入以下命令,上传天气数据到天气表中。

tunnel upload D:\test\ncdc.txt weather;

上传过程如下。

```
Upload session: 202212091622236a31f60b040180f2
Start upload:D:\test\ncdc.txt
Using \n to split records
Upload in strict schema mode: true
Total bytes:2285603409     Split input to 22 blocks
2022-12-09 16:22:23     scan block: '1'
2022-12-09 16:22:24     scan block complete, block id: 1
2022-12-09 16:22:24     scan block: '2'
2022-12-09 16:22:24     scan block complete, block id: 2
2022-12-09 16:22:24     scan block: '3'
……
2022-12-09 16:22:34     scan block complete, block id: 20
2022-12-09 16:22:34     scan block: '21'
2022-12-09 16:22:35     scan block complete, block id: 21
2022-12-09 16:22:35     scan block: '22'
2022-12-09 16:22:35     scan block complete, block id: 22
2022-12-09 16:22:35     upload block: '1'
2022-12-09 16:22:40     Block info: 1:0:104857600:D:\test\ncdc.txt, progress: 0%, bs: 10.2 MB, speed: 2 MB/s
2022-12-09 16:22:46     Block info: 1:0:104857600:D:\test\ncdc.txt, progress: 20%, bs: 20.6 MB, speed: 2.1 MB/s
……
2022-12-09 16:39:01     Block info: 22:2202009600:83593809:D:\test\ncdc.txt, progress: 99%, bs: 79.7 MB, speed: 3 MB/s
2022-12-09 16:39:01     upload block complete, block id: 22
```

```
upload complete, average speed is 2.2 MB/s
OK
```

## 9.6.2 提交并运行作业

**1. 提交计算最高气温作业**

① 在 IDEA 中，右击"ComputeMaxTemp"脚本，选择"Deploy to server"，如图 9-21 所示。

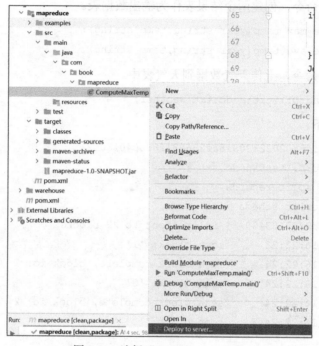

图 9-21 选择"Deploy to server"

在弹出窗口中配置相关参数，单击"OK"，完成 JAR 包的打包和上传，如图 9-22 所示。

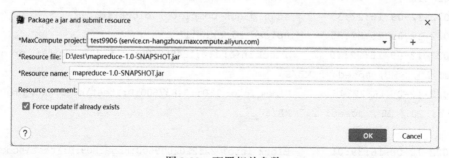

图 9-22 配置相关参数

② 打开 MaxCompute 客户端，执行以下命令，开始运行作业。

```
jar -resources mapreduce-1.0-SNAPSHOT.jar -classpath D:\test\mapreduce-1.0
-SNAPSHOT.jar com.book.mapreduce.ComputeMaxTemp weather max_temp;
```
上面命令中各参数含义如下。

-resources mapreduce-1.0-SNAPSHOT.jar：-resources 指定 MapReduce 作业调用的资源名称，即通过 IDEA 上传的 JAR 包——mapreduce-1.0-SNAPSHOT.jar。

-classpath D:\test\mapreduce-1.0-SNAPSHOT.jar：-classpath 指定 MainClass 所在的 JAR 包的路径。

com.book.mapreduce.ComputeMaxTemp：在 MapReduce 程序中定义的 MainClass。

weather max_temp：输入表和输出表。

计算过程中的输入信息如下。

```
Running job in console.
...
InstanceId: 20221209084259316glxrexxxix4
...
...
2022-12-09 16:43:12 M1_job0:0/0/4[0%]    R2_1_job0:0/0/3[0%]
2022-12-09 16:43:20 M1_job0:4/0/4[0%]    R2_1_job0:0/0/3[0%]
2022-12-09 16:44:12 M1_job0:0/4/4[100%]  R2_1_job0:3/0/3[0%]
2022-12-09 16:44:21 M1_job0:0/4/4[100%]  R2_1_job0:3/0/3[33%]
...
...
Inputs:
        test9906.weather: 16443190 (433776033 bytes)
Outputs:
        test9906.max_temp: 4 (1507 bytes)
M1_test9906_20221209084259316glxrexxxix4_LOT_0_0_0_job0:
        Worker Count:4
        Input Records:
                input: 16443190 (min: 3771856, max: 4526226, avg: 4110797)
        Output Records:
                R2_1: 16433034 (min: 3768858, max: 4524198, avg: 4108258)
R2_1_test9906_20221209084259316glxrexxxix4_LOT_0_0_0_job0:
        Worker Count:3
        Input Records:
                input: 16433034 (min: 4116562, max: 8152412, avg: 5477678)
        Output Records:
                R2_1FS_DataSink_6: 4 (min: 1, max: 2, avg: 1)
User defined counters: 0
OK
```

③ 执行以下命令查看计算结果。

```
select * from max_temp;
```

查询结果如下。

```
+-----------+-----------+
| year      | temp      |
+-----------+-----------+
| 2018      | 126.3     |
| 2021      | 129.6     |
| 2020      | 129.2     |
| 2019      | 130.1     |
+-----------+-----------+
A total of 4 records fetched by instance tunnel. Max record number: 10000
```

2. 提交计算平均气温作业

① 在 IDEA 中完成 JAR 包的打包和上传。

② 打开 MaxCompute 客户端，执行以下命令，开始运行作业。

```
jar -resources mapreduce-1.0-SNAPSHOT.jar -classpath D:\test\mapreduce-1.0-SNAPSHOT.jar com.book.mapreduce.ComputeAvgTemp weather avg_temp;
```

③ 执行以下命令查看计算结果。

```
select * from avg_temp;
```

计算结果如下。

```
+-----------+-----------+
| year      | temp      |
+-----------+-----------+
| 2018      | 55        |
| 2021      | 54        |
| 2019      | 55        |
| 2020      | 55        |
+-----------+-----------+
A total of 4 records fetched by instance tunnel. Max record number: 10000
```

# 习 题

1. 简述云平台分布式应用程序的开发思路。
2. 云计算分布式应用程序的开发相对于传统分布式应用程序开发有哪些优势？
3. 对于本章所用到的数据，还能提出什么计算需求？